前 言

青田石产于浙江省青田县白羊山。青田地处瓯江中游，括苍山的南麓。灵山秀水蕴育了高雅、清丽的青田石，使它与寿山石、昌化石和巴林石并列为我国的“四大名石”。

青田石温润似玉，色彩绚丽，种类繁多，质地优良，纹理精美，世所罕见。自古至今，素有“石艳天下”的美称。青田石石质细腻、洁净，给人一种油腻感和光滑感，一般呈现不透明状，即使是青田石中最贵的石品也只是呈微透明状。石质的主要矿物成分是叶蜡石，并含有氧化铝、氧化硅、氧化铁、石英等多种硅酸盐成分组成，因而形成了不同的色彩和质地。这是区分青田石与其他名石的主要依据。

青田石色彩丰富，花纹奇特，质地坚密细致，是中国篆刻用石中较早的石种。据青田石研究专家夏法起先生统计，青田石共有10大类108种。青田石以“封门”为上品，微透明而淡青，略带黄者称封门青；晶莹如玉，照之璨如灯辉，半透明者称灯光冻；色如幽兰，明润纯净，通灵微透者称兰花青。这三“青”与田黄石，鸡血石又并称为三大佳石。由于青田石的矿脉细，且扭盘曲折，游蜓于岩石之中，其量少，色高雅，质温润，性“中庸”。封门青以清新见长，象征隐逸淡泊，专家称其为“石中君子”。

“阅尽封门亿万春，修成正果赛黄金。女娲遗石今犹在，玉洁冰清似佳人。”青田石是篆刻艺术家和雕刻艺术家从事创作时选用的理想材料之一，历来备受推崇。明代篆刻家吴日章认为“石宜青田，质泽理疏，能以书法行乎其间，不受饰，不碍刀，令人忘刀而见笔者，石之从志也，所以可贵也。”青田石像书香子弟，温文尔雅，被评为国石候选石之一，所以升值空间加大，投资前景十分看好。在青田石的产地青田县，成色好的青田原石价格正在飞快上涨。青田石雕以秀美的造型、精湛的技艺博得人们喜爱，其魅力是其他任何艺术不可替代的，丰富的文化积淀使青田这座滨江古城更具神采。

在当今名石市场中，青田石正以巨大的魅力吸引着众多爱石者。遗憾的是系统、全面介绍和宣传青田石的图书却较缺。为了适应青田石市场和石文化发展的需要，弥补青田石资料的欠缺，根据石玩专家，收藏行家的建议及广大开采、加工销售人员的要求，我们倾力编著了此书，以飨读者。

通过参考文献，收集史料，求真辨伪，赏美撷识，我们从浩如烟海的奇石古籍和现代收藏书刊中整理出了有关青田石的大量珍贵资料，编辑成这本书。它是目前为止最为全面和系统地反映青田石收藏与鉴赏的图书。

本书分上中下三篇，上篇讲述青田石的历史文化概况，包括青田石的历史文化、产地分布、开采状况等；中篇讲述青田石的品类，包括青田石的石种分类及不同石种的面貌特征等；下篇讲述青田石的收藏与投资，包括青田石的石种鉴别、真伪辨识、工艺雕刻、选购收藏、加工保养等。全书共十余万字，400余幅精美彩图，图文并茂，寓庄于谐，是一本可供广大文物研究者、收藏和投资者、艺术爱好者参考的图书。本书旨在弘扬民族文化，拓展读者视野，陶冶人们情操。

本书在编辑出版过程中得到众多藏石爱好者的倾力支持，谨此致谢！由于时间短促，水平局限，书中不足之处，敬请读者专家批评指正。读者交流邮箱：raady@tom.com。

编　者

『中国名石丛书』

青田石

鉴赏与投资

Qingtianshi Jianshang Yu Touzi

/郑伟编著/

海潮摄影艺术出版社

图书在版编目(CIP)数据

青田石鉴赏与投资／郑伟编著.—福州：海潮摄影艺术出版社，2008.12
(中国名石丛书)
ISBN 978-7-80691-469-4

I. 青… II.郑… III.①青田石－鉴赏②青田石－投资
IV.G894 F724.787

中国版本图书馆CIP数据核字（2008）第199761号

策　　划：曲利明　谢　宇
责任编辑：刘　强　廖飞琴　曾长旺

中国名石丛书 · 青田石鉴赏与投资

作　　者：郑　伟
出版发行：海潮摄影艺术出版社
地　　址：福州市东水路76号出版中心12层
邮　　编：350001
印　　刷：北京威灵彩色印刷有限公司
开　　本：889×1194毫米　1/16
印　　张：13
字　　数：150千
图　　片：500幅
版　　次：2009年5月第1版
印　　次：2011年6月第2次印刷
印　　数：3001－4000册
书　　号：ISBN 978-7-80691-469-4/G · 126

定　　价：78.00元

目 录

青田石

的历史

上篇

Qingtianshi De Lishi

青田石是指产于浙江省南部青田县的印章石，旧时称作『图书石』。青田石是中国最早开发的印章石，据资料显示青田石的应用最早始于宋代以前。青田石最初并不是为了篆刻印章而开采的。据明末学者朱象贤所著《印典》记载：石质印材用做刻印是从唐宋私印开始的。

第一章

青田石矿

一　青田石概述

青田石产于我国浙江省南部的青田县。青田石有100多个品种，每个品种的青田石色泽、质地、纹理都千差万别，这100余种青田石的产地分布范围很广，有季山、岭头、山口、方山、塘古、周村、山炮、武池等地。根据有关资料的记载，在宋代以前就开始了青田石的开采，在我国开发利用时间较早的印章石。位于县城东200米处的青田旧坑——季井岭，由于五代时神童季申皋居住在这里而得名。用五代时的人命名，由此可以看出季井岭作为青田石的产地，在宋代以前就已经开始开发利用了。

▲ 青田石矿

开采青田石具有很高的难度，清朝的徐鹤在《采石歌》中有这样的记载："崖倾壁圮悔莫追，人生衣食真难危；石兮石兮知此意，金玉还与石同弃。"青田石最初并不是为了篆刻印章而开采的，当时只以锁片、香炉、女子饰品之类的小件而较为流行。如明末学者朱象贤所著《印典》记载："石质印材用做刻印是从唐宋私印开始的。"

在青田石的产地，石雕艺人大部分选当地天然的冻石作为原料，在此基础上结合自己独特的艺术构思.渗透着浓郁的文化气息，经过2000多年的演绎，青田石雕——这颗璀璨夺目的工艺美术明珠，不仅走出山门，入贡宫廷，还跨越了国界，在海外享誉声名。

二　青田石的形成

青田石形成于中生代，距今7000万年至1.9亿年。当时，青田一带经常有很强的火山喷发活动，炽热黏稠的火山熔岩与"围岩"中的硅和次生石英岩为伍，一同流泻到地面的裂隙或洼地中。在长年累月的沉积、蚀变过程中，这种火山热液由于重力和结晶的作用，便逐渐形成了含水铝硅酸盐的叶蜡石，适宜镌刻治印。

1929年，地质专家张更、叶良辅对青田一带进行实地考察。他们由青田县城到山口，再由山口西行至大岭阜达季山，经过大安、下陈、冯垟、半坑、小岭等地，在对当地进行实地考察时，选取的标本不下半百种，后经王黄的分析，张更的比重测验，叶良辅的研究，著成论文一篇《浙江青田县之印章石》，论文中指出："青田印章石，显由流纹岩与凝灰岩所变成。"

新中国成立后，地质学者对青田叶蜡石矿床开始进行更为深入的研究。绝大部分的研究者都认为，青田石是叶蜡石的一种，而叶蜡石矿的形成原因，又与火山岩和侵入岩有关。

同样做过地质考察的还有浙江省第11地质大队，他们在山口矿区，历时两年多，获取了许多地质资料，并整理成《青田县山口叶蜡石矿床地质特征简介》。文中观点认为：矿床属于火山——中低温热液矿床，成矿的主要形式是交代，其次为充填。矿区处于寿宁火山裂隙喷发带，也就是青田，一种中酸性火山碎层岩，熔岩夹火山沉积岩大面积出露。由于火山的活动，热水溶液作用于火山岩，促进硅酸盐矿物的分解，并进行有规律的迁移、富集和重新组合。这个成矿的作用是在"半封闭"、大量水的参与，没有铝加入的条件下，通过"就地取材"的交代方式进行的。

地质学者何英才先生指出：晚侏罗纪到白垩纪是青田山口叶蜡石矿的成矿时代，属于火山气液改造型的叶蜡石矿床。矿体所在的主要蚀变岩石是酸-中酸-中性火山岩，常常组成次生石英岩的一个相带，是火山活动过程中，伴随岩浆上升的气液(包括部分天水)交代、分解早期形成的岩石或者火山活动同期

▲ 封门青原石

的岩浆物质(例如长英质玻璃、火山灰等)，在一定的物理、化学条件下改造，经过部分或全部脱硅、去杂、物质成分重新组合，就地沉淀或沿裂隙经过运移填充而形成的。

青田石中主要的化学成分为氧化铝和氧化硅，另外还有少量的金属氧化物，例如钾、钠、钙、镁、铁等。由于这些金属氧化物(特别是含铁氧化物)含量的不同，因此青田石有着丰富的色彩、繁多的品类，例如含有赤铁矿的青田石则呈紫褐色等。

青田石中上好质地的冻石，纯净、透明度很高，是一种很小、很纯的致密结晶(隐晶)质叶蜡石。处于气液交代—充填的叶蜡石矿床中，气液对原岩经过改造形成的叶蜡石“矿浆”，沿着构造破碎带迁移、沉淀，规模一般都比较小，但是矿石质量却很好，大多数的冻石都产自这类矿床中。青田冻石中的三氧化二铝含量最高的，像“灯光冻”蚀变不彻底，青田冻石的二氧化硅成分含量较高的是彩色的印石。一般情况下，高硅低铝的青田石，石质较韧，硬度几乎在2度左右；低硅高铝的青田石，石质较脆，硬度在1度左右，含水多的便为“冻”。

▲ 封门石雕古山水摆件

出土文物

23×17厘米

三　青田石的性状与特点

青田石的学名是“叶蜡石”，主要矿物构成以叶蜡石和石英为主，与刚王、高岭石、水铝石、红柱石及少量的蓝线石、绿泥石、黄玉、白鈇石、明矾石、勃姆石、蒙脱石、伊利石等矿物共生。

矿石的颜色主要有灰白色、青白色、浅黄色、褐紫色等，均呈块状，有蜡质感，摩氏硬度3～4级，比重是2.6～2.7。耐火1630℃～1730℃，白度71度～94度，一般情况下，耐火度和白度与氧化铝的含量成正比。

青田石的化学成分主要是约为矿石总含量的90%的Al_2O_3和SiO_2，其他10%成分是K_2O、Fe_2O_3、Na_2O、CaO、MgO等。

青田地区所产的叶蜡石主要分为两大类，分别为工艺雕刻石和工业用叶蜡石。在叶蜡石中，工艺用雕刻石比较少，它的主要特点是块状，颜色艳丽，属于纯叶蜡石类型，质地纯净、致密。青田石就是这类叶蜡石，只占叶蜡石总产量的1%～2%。与其共生的工业用叶蜡石，应用非常广泛，例如耐火材料、玻璃、陶瓷、分子筛原料、造纸填料、杀虫剂载体、橡胶、塑料、漂白粉、化妆品添加料及制造人造金刚石的传压介质。

青田石自古以来就有“石艳天下”的美称。它色彩绚丽，质地优良，温润似玉，纹理精美，种类较多，矿藏丰富，实为罕见。

这些都缘于青田石石性清纯无滓，“坚刚清润”、“柔润晚砂”，历朝历代出现了很多青田石雕艺人，作出了

▲ 南光冻雕春摆件

▲ 金玉冻雕高粱摆件

▲ 封门猪油冻雕丰收摆件

▲ 白咩三彩雕花好月圆摆件

大量的美术珍品，这些艺人都是凭借着聪颖的才智，因色取俏，因材施艺，巧妙地构思，运用了高超的多层次镂雕技艺。他们创作出的珍品，有的在国内、国际获奖，有的被收藏于皇宫、博物馆，而大部分都是被收藏家竞相购藏。如1790年，在乾隆皇帝“万寿节”上，大臣们敬献给乾隆皇帝一套青田石印章“宝典福书”。这套印章分上、下两层，共60枚，分别装在雕有龙凤图案的紫檀木宝匣里。这套印章的石质纯净细腻，造型精致美观，丰富多样，有方形、长方形、圆形、椭圆形、葫芦形等。至今，这套青田石印章还珍藏在北京故宫博物院。近年来青田石又屡传佳音，如1992年邮电部发行了4枚《青田石雕》特种邮票，青田石雕因此享誉海内外。

而上等的青田石本身就是一件艺术品。在青田石众多的品类中，有很多名石奇石的价值逾越珠宝，例如兰花青田、封门青、黄金耀、山炮绿、封门蓝星、封门三彩、封门雨花以及灯光冻、金玉冻、龙眼冻、碗豆冻、葡萄冻等。只有观赏到这些多姿多彩的青田石，才能真正领略到大自然的神奇与美丽。

被誉为“天之骄子”的青田石，是大自然长期孕育的结果。曾有诗词称赞道：“有石美如玉，青田天下雄”。时适盛世，青田石向世人展示着天生丽质的风采及独特的魅力。

四　青田石的分布

新中国成立前曾对青田石的矿藏资源进行多次调查研究，后来也进行过不计其数的地质勘察。

1929年冬，叶良辅和张更的调查专论对当时青田石的主要产区和开采方法等作了详细叙述。1936年，一本《浙江建设月刊》载有林保持写的一篇《青田之石业》，主要记叙的是青田石的产区等情况，其中附有《浙江青田县印章石产地附近地形图》。1950年，华东局301队及浙江省579队(后改为温州队)等都以矿产普查勘探为主要目的，对测区开展地质调查工作。1960-1963年，建工部非金属地质公司华东公司503队对山口旦洪—封门工区进行了详细的调查工作，并编写有《浙江省青田山口叶蜡石矿详查报告》。1974-1979年，浙江省地质局区测大队曾对青田进行过正规的一比20万区测工作，数据被编入《中华人民共和国区域地质调查报告》。1979年，浙江省建工局非金属地质队曾踏勘过北山、双土羊叶蜡石矿区，投入了详查的调查工作。1980-1983年，省建材地质大队曾详查过山口尧土工区，并编有《山口叶蜡石矿区尧士矿段详查地质报告》。

根据大量的地质勘探资料可以得到结论：叶蜡石在青田县是分布范围最广、最著名的矿种，其有10余处已知产地，其中叶蜡石矿中大部分都是可供工艺雕刻的青田石。据地质勘测，青田石主要有山口区的山口、塘古、方山、山炮；北山区的白岩、季山、周村、岭头、石门头；万山区的下堡等矿点。

青田石最大的矿点是山口—方山一带的山口叶蜡石矿区。此矿区全长6千米，呈北东—南西向分布。按现状，自北向南依次为是尧士、旦洪、丰门、白垟、老鼠坪5个矿段。按矿化带的分布出露特点，可划分为尧士、丰门—白蚌、老鼠坪3个矿段。

尧士矿段：位于矿区的最北端，矿化带走向长500米，宽150～250米，向西倾斜10～20度。层状矿体，分为上层和下层两部分，产自矿化带中。

封门—白垟矿段：包括旦洪和吉底(禁猪)洪两部分，矿化带由吉底洪至白垟，长达2500米，宽200～400米。地表处于封门—白垟之间，有600米之内没见到矿化带。根据矿山生产情况和深部钻孔资料可得知，该矿段为连续的层状矿化带，是规模最大的一个。向北西方向倾斜，倾角10～15度，矿化带厚度一般在40～60米之间，其中最大的厚度达110米，最小的厚度为10米。

▲《胜燃天地间》 青田石随形摆件

老鼠坪矿段：位于矿区的最南西端，长300～400米，宽30～40米，厚20～30米。近似东西走向，倾角近水平，似层状的矿化带被断裂切为3块，矿体主要产自矿化带中。

据地质资料表明，山口叶蜡石矿属于中至大型矿，所产的矿石质量较好，是工艺雕刻、陶瓷耐火材料的理想原料。双垟矿点仅次于山口叶蜡石矿的是位于双垟至坑口黏土化(包括高岭土化)、叶蜡石化、黄铁矿化的北西向蚀变带上。大多数的矿体都处于北东向断裂中，两侧围岩为叶蜡石化流纹熔岩结凝灰岩。矿体呈脉状或透镜状，矿石以叶蜡石为主要组成部分。这个矿点储量丰富，分布面广，有大量的优质雕刻石。

另外，吴岸乡的塘古，虽然叶蜡石藏量较少，但用于雕刻的石质甚佳。至于北山、下堡等地则主要出产工业用叶蜡石、高岭石、伊利石，只有极少数能用于雕刻。

五　青田石的开采

青田石被开采和利用最早是在六朝时，至宋代被用来“制为文房之雅具及文人所用的图章，小件玩耍之物”，已经有较多的开采，到明代，青田冻石更是名扬四方，除其用于雕刻工艺品和印章外，还有很多青田冻石的块料，直接销往南京等地。

到清代，青田石矿的开采具有一定的规模，其中封门矿“岩穴深广，可容百余人”，而其他则多为“老鼠矿”，开采时有一定的难度。据相关史料记载，所产地是有脉可寻的。首先是，矿工找到脉线后凿破岩皮，然后逐层深入。一般，矿洞高达2米左右，矿洞内围径仅1米多，曲直没有固定的形态，两旁用杂木立柱支撑起来，再把杂木横架于其上。每挖一段，就大约需要10个人，秉烛蛇行而入。由在最前面一人用器物挖掘，然后，其他人单衣赤足在后面逐个传递。如果挖出有泥沙或杂石，就要用畚箕盛装交手运出；如果遇有泉水，就得用小桶承接运出；如果得有石料，双手抱之而伏行，有阻碍的地方则仰身辗转而出。常年都有千余不辞辛苦的作业者，他们经常全身粘满泥，使人难以辨别其面目。矿工靠的只是经验来进行开采，常会出现外见脉线而中无石料的情况，甚至有的挖掘时间太长，而最终不得不放弃的。清代徐鹤龄在《方山采石歌》中为之惊叹道：“崖倾壁圮悔莫追，人生衣食真难危；石兮石兮知此意，金玉还与石同弃”。一直到民国时期，还使用这种简陋的开采方式。而从事这项工作的人，大多数是生活贫寒，没有经济来源，却只能靠体力劳动来维持生活。用于支撑的木头一旦稍微松动，他们就会有遭倾压的危险。

因为从事这项工作的采石工不但工作环境相当恶劣，而且随时都会有生命的危险。所以许多人都受封建迷信的思想影响，敬奉“佛田山祖老爷”。进矿洞之前，为避免惊扰“山神”，在路上不能敲打工具；为避免犯杀生之戒而受惩罚，则不准在洞内捕杀老鼠、青蛙等动物，而且每个月都要备办酒肉香烛进行祭祀。同时忌讳也颇多，说话时，也要多用吉利语、隐话。如把进洞称“进财”，蜡烛称“白干”，吃饭称“光锅”，吃肉称“硬老”，喝酒称“三点”，回家称“扳草鞋”等。

据1929年的调查，在青田全县共开采了14处，其中最为著名的是东南乡的山口村和方山村。山可分为家山和荒山，家山为个人所拥有，一般都有山主，而且，大多由山主和石匠共同开采，也有的是矿商出资向山主购凿者；荒山就没有山主，任何人都可以不加禁止地开采。绝大多数都是沿用土法进行开采，每洞用匠工4～6人，14处共有匠工80余人，每处300～500元的资金，合计5 000余元。

矿石被采出后，其运输方法较为传统，都是靠雇工挑至山口，再卖给雕刻者。矿石又可以分粗石和细石，粗石每元80斤，而细石每元40斤，如果质地甚佳者则以块计算，这由买卖双方根据货来估算，且每块由数元到数百元不等。

民国之前，青田叶蜡石只取其“工

▲ 石矿坑道

艺叶蜡石”即青田石，用于雕刻工艺品和印章。1923年，上海瑞和砖瓦厂经理邵达人，赴日本对坩埚的制造方法进行考察和研究。回国后，便设厂仿制，他经过调查，得知青田盛产叶蜡石，且该石有黏性，耐火性能较好，是制作坩埚的最佳原料。于是，托永嘉“顺德昌”号代理收购运沪。同时，“小林洋行”也派人在青田山口设庄收购，并装载运至温州，再转运到上海卖给各厂。叶蜡石的综合利用，不仅促进了资源的开发利用，但同时也带来了新的矛盾。如1933年，青田县图书石业职业工会，提出上诉并指出山口乡采石生产合作社“垄断图书石，大有妨碍雕刻工人之原料”的供给。这件将近两年的纠纷案，分别经过县政府、省建设厅调解，但一直未遂。

其实，在山口乡的嫩样山、八条山、橘底红、尧屿山、图书山开采的矿洞有21处共28洞。采石工人每年每洞要纳2元山租。此外，还有在方山乡白羊山、四都塘沽山、七都龟山也有开采。

1936年3月，在《浙江建设月刊》中记载，当时全县有青田石产区及开采场所10余处：

岩垄山，也称尧士山，有6个坑洞，都是为平进，其位置是在山阴面的山坡上，高出山麓近70米，工人共有30余人。

图书山，共有5处坑洞。其中2处为平进，其他都为斜入，约有工人20人。

白垟山，有4处坑洞，其位置是在山的东坡，有工人10余人。

岩头山，此山所产的石不但过于坚硬，质地不好，所以很早就已停止开采了。

后山，由于石质不纯而硬，不适用于雕刻，已停止开采。

季山头，有1处坑洞，有工人3～5人。

门前山，位于季山村的东面，坑较浅，而且工人也比较少。

龙头尖，该山位于周村北面，有1个大坑，已停止开采。

寺院址坪，其位置是在夏家地西南3千米，有10余处坑洞，有平进或直进，有工人10余人。

饭甑山，该山位于下堡村西南面，有1处坑洞，有工人2人。

新中国成立以后，青田县建立了叶蜡石矿，不但修筑公路，而且还把采石工人组织起来，购置先进的机械设备，采用电力机械开采和半自动运输方式，降低了使劳动强度，从而大大提高了劳动生产效率，增加了开采量。同时，在开采方向方面，也由过去以开采雕刻用青田石为主转变为以开采工业用叶蜡石为主。

1953年8月，林凤坤、傅乾坤、林国藩等人，创立了100余人的山口蜡石生产合作社。1955年12月，山口蜡石供销社成立。1956年10月，国营青田县蜡石矿正式建立。1958年，矿洞内实现了电灯照明和元钢轨、木箱车运输，职工人数从200余人猛增至800余人。1960～1962年，因为实行精简，矿上最后只剩下职工207人。经1966、1971、1975年数次招收新职工，到1980年，矿上职工数达到475人。

青田蜡石矿经历多年的发展，不但具有一定规模，而且生产能力也不断提高。洞内已普遍使用钻机掘进和开采，在矿洞内，架设了空中运输石料的索道，而且一直通向山下的公路上，从而彻底改变了以前靠人力肩挑的落后状态，生产效率也有了很大的提高，而矿工的劳动条件也得到很大的改善。目前，该矿已成为我国开采叶蜡石和雕刻石的最大企业。

自青田叶蜡石矿建立以来，其工业叶蜡石的产量也在不断增长。但是，由于种种原因，用于雕刻的青田石产量却在起伏中有所下降。

除青田叶蜡石矿外，也有山口、方山一带的农民在山上进行私自开采。最多时，人数可达几百人。他们使用以前的传统方法，一般矿洞较狭小，只能匍匐进出。私矿开采出的青田石年产量达上百吨。季山一带也常开采，但规模较小。而岭头一带的开采规模则比较大，年产雕刻石数十吨。此外，塘古也是开采青田石的重要矿点之一，矿洞遍布，出产也甚多。

轻工业部统一规定青田雕刻石的价格。上个世纪50年代确定价格为：特级(单块重50千克以上)每吨150元、一级(单块重30千克以上)每吨106元、二级(单块重10千克以上)每吨80元、三级(单块重2千克以上)每吨60元。1973年10月，相关部门调整为“特级每吨230元、一级每吨150元、二级每吨110元、三级每吨80元”。而私人开采的青田石价格则由买卖双方共同商定，如，普通石料1973年为每吨220元，1983年为每吨300元，1985年为每吨750元。但精刻石料则是按质量面议，每斤（0.5千克）自几角至几元、几十元，甚至近万元不等。

六 青田石的分类

根据青田石的结构、颜色及矿物成分，可大致分为以下4大类：

1. 单色叶蜡石

单色叶蜡石，主要有青白、乳白、紫及灰紫等色。它是由叶蜡石、绢云母或叶腊石化凝灰岩组合而成，呈油脂光泽或土状光泽，是工艺石雕中的主要材料之一。

2. 杂色叶蜡石

大多数的杂色叶腊石都呈条带状。它是由浅色及浅灰色的叶蜡石或叶蜡石化凝灰岩所组成的。如果矿石中含有铁时，就可见到美丽的红色“云雾”。

3. 刚玉叶蜡石

刚玉叶腊石又称“蓝花丁”，有深蓝色斑点，镶嵌于浅灰色叶蜡石中。

4. 红柱石叶蜡石

红柱石叶腊石多有红色斑点或有条带状，而且分布于浅色叶蜡石中。

第二章

青田石雕的发展历程

一 六朝至宋代的青田石雕

在我国，玉石雕刻属于最古老的雕刻工艺品种之一。在原始社会旧石器时代（约2万年前），山顶洞人身上所佩戴的串饰(项链)，其主要原材料是砾石、白色石灰珠、蛤壳、兽牙、骨管、鱼骨等。然后，经过精心的修磨、钻孔、串缀而成。它的出现是最早的装饰艺术品。在原始社会新石器时代（距今约1万年至4000年前），石雕工艺中出现了以各种优质石料(玉、玛瑙、水晶、绿松石等)制成各种形式的装饰品。如环、镯、璧、块、璜、珠、管、坠等。在奴隶社会，玉石工艺不仅仅作为装饰艺术品用于装饰、礼仪方面等，而且还成为统治者权威的一种象征。所以，在选料、设计、雕琢方面都达到了较高的技术水平。如在河南三门峡上村岭出土的串饰中，有一件佩带于胸前的串饰，由577颗鸪血石珠和21件管形石饰件组合串缀而成。无论从石珠的大小、行列、数量等方面，都反映出设计者的独特匠心。

大约7000年前，浙江省境内现在的杭嘉湖和宁绍平原一带已出现了原始社会的氏族部落。如位于浙江省余姚县罗江乡河姆渡村东北河姆渡遗址，是当今著名的新石器时代遗址之一。河姆渡文化不但丰富多彩，而且其原始艺术品也是多种多样的，有骨雕、陶器、玉雕、石雕、象牙雕等等。其中，造型简朴的石雕蝶形器和光洁的莹石珠、莹石管，在当时都是极为流行的佩饰品。

另外，在温州、丽水地区各县，都曾发现有新石器时代的物品。浙江省的南部也是古代文化较发达的地区之一。当时，青田地区已经有人类居住。由于有些显露于山表的青田石，色彩艳丽斑斓，石质温润脆软，因此很早就被人类所利用。

关于青田石的发现，在青田石雕发源地山口村《林氏宗谱》的《谷口图书石记》篇中有记载："此石之出于何时，宜可以稽而讨之，乃杳不可得，则以吾姓之徙此者犹后，而此石之出已先……是山当以鹤山命名，而顾其石为图书印章之用，即名之曰'图书山'。"

另有一个传说：古代山口村，有一位壮年上山砍柴时，一不小心把柴刀掉下去正好砍在一块石头上，石头被"啪"地劈落一小块。他急忙拿起柴刀一看，咦！刀口完好无损！于是，他蹲下去捡起那块石头，只见那石头晶莹透亮，温润的青白色中又点缀着红色、黄色、黑色的花斑，十分美丽。他把这块珍奇的石头带回家，并磨制成一颗颗圆润的石珠，挂在女儿的颈上，这件事轰动了全村。此后，大家上山砍柴时，也经常用刀砍一两块石头带回家，对石头又磨又钻、又凿又刻，从而做成美丽的石珠，而且越做越好看，其式样也越来越多。

关于青田石的发现和青田石雕起源的具体年代，因为缺乏史料记载，所以很难定论。不过，从出土的相关实物可了解到，青田石雕早在六朝(222—589)时就已经出现了。

浙江博物馆收藏了很多六朝时期的小石猪，其中，4只石猪的石料为青田所产的黄石，石质一般，石面上有线纹。石猪造型主要分为两种：一种高1.8厘米，长7.9厘米，然后用简练的线条在长方条形石料上刻画出猪的四肢和五官，其形态非常生动；另一种高1.5厘米，长6.5厘米，长方形上下面均呈弧状，雕刻十分简洁，仅使用几条阴线，就把卧猪的结构及形态表现出来了。

在浙江新昌19号南齐墓中，也同样出土了两只永明元年(483)的青田石雕小猪，其中一只高1.8厘米、长4.4厘米，另一只高1.5厘米、长4.2厘米。

两汉及六朝时，较为流行做墓葬品的有玉猪和石猪。从出土物的品种可了解到，当时浙江、福建等地曾就地取材，制作出大量的产品。这些雕刻小品的艺术要求并不高，所以，也就不能充分地反映出当时的工艺水平，但这些石料留下了可贵的历史资料，又可更深入地了解当时的社会状况。

吴越时期，江浙一带佛教盛行，大兴寺院，号称"佛国"。朱彝尊的《曝书亭集》载："寺塔之建，吴越武肃(钱缪)倍于九国。"其中，许多寺塔都有极高的文物价值。20世纪50年代，在龙泉双塔内发现的五代吴越国文物中有一件很小的青田石雕佛像。该佛像白色中略带黄色，质地纯净。由此可见，经过封建社会中期尤其是受唐代高度发达的文化艺术熏陶，青田石雕的技艺已经具有相当高的水平，从制作简单的实用品逐渐发展为雕刻写实、生动、精细的圆雕宗教艺术品。

南宋建都临安(今杭州)，当时的浙江已经成为政治、经济和文化的中心。

古时，与青田毗邻的温州，称为“东瓯名镇”，其经济不但发达，而且也是对外贸易口岸之一。青田石雕的生产也得到了迅速的发展。不过，石雕产品仍是以实用为主，“制为文房之雅具及文人所用之图章、小件玩耍之物而已”。

二　元明时期的青田石雕

印章原称玺，是一种持信之物，官民皆可称用。自秦汉以来，只有天子诸侯用的印章才能称玺，而臣民用的却称之为章或印。唐宋时期，人们喜欢收藏鉴赏印，如，“古人于图书、书籍皆有印记某人图书。今人遂以其印呼为‘图书石’”。由于，古代的青田石被大量“雕刻图书印记”，所以称之为“图书石”。然而，也把和青田石有关的事物皆冠以“图书”两字，如“图书山”、“图书洞”、“图书雕”、“图书凳”等，渐而也就成为一种习俗了。元、明时期，青田“图书石”有了很大的发展，使我国篆刻艺术更加绚丽多彩。

清代韩锡胙（1716—1776），青田人，乾隆年间举人，官居苏松督粮道，工书画，擅诗古文尤俊拔，对印学研究颇深。他在《滑疑集》中记载：“赵子昂（孟頫）始取吾乡灯光石作印，至明代而石印盛行。”由此我们了解到，赵孟頫是在众多的著名文人中，最早用青田灯光冻石作印的。

明代郎瑛所著的《七修类稿》中载：“图书古人皆以铜铸，至元末会稽王冕以花乳石刻之，今天下尽崇处州灯明石，果温润可爱也。”从中可知，在明代，温润的青田冻石已在印坛中颇为流行。

明代的文彭，被人们尊称为“印学开山祖师”。他后期治印时，所用的石材都是青田石。据记载：文彭在南京国子监的时候，有一天，他坐小轿路过西虹桥，看见一头驴子驮着两筐石在前，一老汉肩挑两筐石随后。不一会儿，那老汉和一商人争执起来。于是文彭便上前询问，老汉说：“他答应买我的石头，我把石头从江上运到这里，请他再给一些搬运费，可他就是不肯。”文彭仔细观看了一下那些石头后说：“你不用和他争了，石头我买了，搬运费我也会加倍给你。”文彭买得四筐石，然后，用锯把石头锯开一看，上等的是青田灯光冻石，而下等的也近似于所谓的“老坑”。先前文彭都是用象牙刻印章，自己落墨而请南京李文甫刻，所以文彭的牙章有一半都出自李文甫之手。自使用青田石以后，他就不再刻牙章了。“于是冻石之名，始见于世，艳传四方矣。”

明代，石质印材在当时社会已被人们所接受，乐以使用，渐而就取代了金、玉、铜、象牙等并占有一定的优势。在冻石中，青田灯光石备受人们青睐。明代屠隆(1542—1605)的《考盘余事》载：“青田石中有莹洁如玉，照之灿若灯辉谓之灯光石，今顿踊贵，价重于玉，盖取其质雅易刻而笔意得尽也，今亦难得。”

元、明时期，除把大量的青田石制作石章外，还用于雕刻笔筒、墨水池等文房用具及佛像、香炉、石碑等实用品。在山口村龙溪庙里，原有一只用青田石雕刻的香炉，如谷箩一般大，重约100千克，上刻有“明景泰壬申年(1452)春立”的字样。该炉齐腹，三足鼎立，无耳无盖，也没有花纹装饰，但炉体上刀凿痕迹隐约可见，而且炉口、炉腹的圆周及三足已经有十分精确的均分。浙江博物馆收藏有一尊高20厘米、由青田紫岩雕刻而成的大明鱼篮观音，雕像仪态端庄，姿势生动，线条流畅，也充分显示了当时高超的造型艺术水平。1957年山口修筑公路时，发现了一块明嘉靖二十二年(1543)的墓志碑。该碑高48厘米，宽24厘米，厚7厘米，系由山口尧士山的红色花石制成，碑文共270余字，至今还清晰可见。另外，明初时还有人把青田石雕刻成的首饰，“盖蜜蜡未出，金陵人类以冻石作花枝叶及小虫嬉，为妇人饰，即买石者亦充此等用，不知为印章也。”由此可见，元、明时期青田石主要是雕制石章等实用工艺品，虽然圆雕技艺水平已达到一定的高度，但仍处于实用品阶段。

三　清代的青田石雕

清代时，随着社会生产力水平的提高，商品经济迅速发展，中外物质文化交流日益扩大，在这样的社会条件下，青田石雕的生产规模不但逐渐扩大，而且技艺水平也在不断提高。这时期的青田石雕的品种也在不断地增多，不仅有丰富的实用工艺品，又有大批供观赏的陈设品，民间和宫廷内均可享用，而且远销国内外。

清光绪《青田县志》中有一首《方山采石歌》写道：“方山石，石何奇，巧匠断山手出之。大者仙佛多威仪，小者杯杓几案施。精者篆刻蟠蛟螭，顽者虎豹熊黑狮。”由此可见，当时青田石雕不仅制成器皿、仿古品，还有人物、动物等。

清乾隆年间(1736～1795)，有一件石雕《三脚狮球香炉》，该炉扁圆形炉腹，圆周直径20厘米。炉腹三面刻有荷花浮雕，形态十分逼真，三脚下端为虎爪状，上端还饰有虎面纹。炉腹底部与三鼎脚之间刻有一只脚踩镂空绣球的立体古狮，可见，该炉的雕工相当的精细。

清咸丰年间(1851～1861)的石雕《五福临门》，是山口林姓大门台上的一对石雕壁饰，长40厘米、宽20厘米，而且每件雕品上都刻有一片蕉叶，其线条流畅，造型也十分生动；蕉叶上还有5只蝙蝠，并采用高浮雕手法雕刻而成，形态生动，布局合理。这些作品虽不是典型之作，但说明当时石雕产品题材较广，品类丰富，表现手法多样。

随着青田石雕艺术迅速发展，名声远扬，清朝初年，青田石雕已经销往国外。据1925年英文版《中国年鉴》刊载：早在十七八世纪，就有少数国人（早期以浙江青田籍人居多），循陆路经西伯利亚前往欧洲从商(莫斯科最多)，以贩卖青田石制品为主。同治三年(1864)，杨灿勋，青田方山人，就乘船横渡印度洋，绕过非洲好望角，将青田石雕产品运往英国销售。光绪初年，青田山口村林茂川，对石雕进行了改良，创新花式品种，销往欧洲各国，颇受国外人士喜爱。光绪年间，山口村一位著名的艺人林茂祥，曾携石雕销于美国旧金山等地，因其惟妙惟肖的作品及独具一格的艺术风格，得到了美国人的赞评。清光绪十八年(1892)，“有山口村商民季兆鲁等7人贩卖石雕，自南洋群岛及印度一带销售，辗转至法兰西境，营业日见发达。嗣后群相效法，纷纷以出洋贸易为能，视远历重洋如归村市。”关于这一点，邹韬奋在《在法国的青田人》一文中更有生动记述：据熟悉青田人到欧“掌故”的朋友谈起，最初约在前清光绪末年，有青田人某甲因穷苦不堪(青田县为浙江最苦的一个区域，人民多数连米饭都没得吃)，忽异想天开，带着一担青田所仅有的特产青田石，由温州海口而漂流至上海，想赚到几个钱以维持生活，结果很不得意，不知怎的竟得由上海飘流到欧洲来，便在初到的埠头上的道路旁，把所带的青田石雕成的东西排列出来。欧洲人看见这样从来未见过的东西，有的也被唤起了好奇心，问他多少价钱。某甲对外国语当然是一窍不通，只举出几个指头来示意。这就含混得厉害了！有时举出两个手指来，在他也许是要索价两毛钱，而“阿木林”的外国人也许就给他两块钱。这样一来，不久他便发了小财。这个消息渐渐地传到了他的家乡，说贫无立锥之地的某某，居然到海外发了洋财，于是陆续冒险出洋的逐渐多起来，不到10年，竟遍布整个欧洲。最多的时候有三四万人，至今大约还有2万人，仅在巴黎一地就有近2000人。

同时，有一些石刻商，把选出的青田石雕送到国内外参加展览。光绪二十五年(1899)，法国举办“巴黎赛会”，清政府“费国币十五万两，自建会亭，置赛品”。而青田旅法华侨与筹办赛会使团通过交涉，获准“青田之石货许置会亭趸售”。1904年，在美国举办“圣路易博览会”，在会场也有青田侨民开设“青田石店”，并陈列“青田石雕人物、文具、花卉，颜色鲜艳”。宣统二年(1910)，在南京举办的“南洋劝业会”上，青田石雕荣获银牌奖。从此以后，青田石大名，便风靡全球。

随着，青田石雕在国内外声誉的增长和海外销路的开拓，也大大促进了石雕生产的迅速发展。民国初年到抗战以前，这段时间是青田石雕的一个繁盛发展阶段。

四　民国时期的青田石雕

1915年，美国旧金山举办“巴拿马太平洋博览会”，又称为“万国巴拿马赛会”。赛会时间是2月20日到12月4日，历时280天。会场占地面积约264万平方米左右，而中国馆陈列面积近5万平方米左右。与会者31个国家，出品者20多万家，观众达1900多万人，堪称世界空前的一场盛会。在此次赛会上，青田石雕艺人周芝山的《瓜盒》、《梅鹤大屏》、《牡丹瓶》等12件作品和金钢三的《青田石雕刻小屏风》，分别荣获银牌奖章。

至此以后，石雕生产迅速发展起来。据记载，清代末年，青田地区约有1000多位石雕艺人。到1931年，据浙江省设计会调查员王萼在实地调查中了解到，青田石产于青田东南乡山口、周村、方山等地计14处，全年产量约1.2万石，而且价值高达1.4万多元，约1万箱，每箱普通30元、中等60元、特等120元，全年总值约70万元。近100人专门从事采石业，而专门从事雕刻业者2200余人。

另外，还有很多石雕艺人到外地从

事雕刻。在当时，温州、普陀、上海、南京等地，都设有专门销售青田石雕的商店。这些商店中，大部分都有自己的生产工厂，并雇用石雕艺人边生产边销售。据1933年《中国实业志》记载：当时仅在青田、温州两地的石雕工厂就达七八十处，最大的工厂有40多位艺人，男的占3/4。他们每天要工作10个小时，但工资很低，而厂主获利却达几倍至十几倍。

清末，“各处刻工虽不下千余人，而称为削楮妙手者，唯有山口周芝山弟兄数人及林赞卿等而已”。至抗日战争爆发之前，也有不少著名的石雕艺人，而且各有所长，如金精一的《山水》，张仕宽的《葡萄山》，董瑞丰的《梅花》，金叶的《牡丹》，尹阿岩的人物，金南恩的浅刻，这些在当时都颇负盛名。他们在艺术上不仅有很高的造诣，而且对石料俏色的利用也是颇为忠实的。“每制一精品，切磋琢磨之工，非经年累月不成，能者又有随机应变之巧。譬如刻一松树，外层常石，里面忽见一白冻，即刻为白鹤或明月，见一红冻，即刻为红日，见一黑冻或苍冻，即刻为乌鸦、山鼠之类。变化之妙，在于其人。”

民国时期，在国内，青田石雕的销售，以上海最为盛行。此外，各大通商大埠，如北平、天津、汉口、青岛、南京、广州、杭州、福州等地销售颇多。因为上海是港口，而青田到温州百余里有小汽船可通，且温州到上海每星期都有定期轮船，所以转销欧美、南洋和其他大商埠的产品，都是在上海换船放洋。在上海专营青田石雕的商店有“奇石庙”、“金王相图书店”、“冻石公司”等，在豫园附近集中的比较多。其交通较为便利，在青田一带，首先是由小贩挨户收购，然后运到温州、丽水等地商店出售。贩卖青田石雕的商店，在青田城内有10多家，而在温州则有20多家。其中，温州打锣桥的“金南金石刻画社”的规模最大。该社不但承销贩卖大批石雕产品，而且在北美芝加哥设有分号，其营业颇盛。普陀山是江南一带佛教活动的中心，素有“海天佛国”之称，每年有3次庙会，都香客云集，十分热闹。在普陀山的横街一带有很多家石刻商店，其实生意最为红火的是由著名的青田石雕艺人金精一开设的“然尔”商店。

国内销售的石雕，以美术欣赏品居多，雕刻精细，玲珑精致，但其价格也较为贵些。据1936年《浙江建设月刊》记载，其主要品种及价格如下：花瓶，有两种，分别是无垫和有垫，而且大多雕有牡丹、菊花等花草，其价格并不固定；花盘，每元可购数十只，每只佳者五六角；笔架，花样繁多，每只价几分到数元；人物、佛像，有天女散花、观音菩萨、济公活佛、弥勒佛、神仙、姜太公钓鱼、关公等，价格极其昂贵；屏风，有山水屏风和花鸟屏风，每只价3元到5元不等；印章，有长方、正方、圆形、椭圆之分，普通石料每对一角左右，冻石则非数元不可，最贵的竟达数十元，甚至数百元；墨盒、石砚、笔筒、笔洗、普通石料，价格比较便宜；其他的如小猴、水牛等，价格最贱。

自清朝初年，青田石雕就已经在欧洲各国销售，而且其销路越来越广，以光绪末年最为兴盛。到民国初年，开始向美洲推广，从此，青田石雕贸易更加兴盛了。当时差不多世界每个国家都有青田石雕，其中销量最大的当属美国。那时，有不少青田侨胞都因在美国贩卖石雕而赚了钱，被称之为“花旗客”。此外，在青田山口村，设有专门收购“花旗货”的公司，并常往美国邮运成批装箱的石雕。据1931年《工商半月刊》记载：1929年，从温州运往上海转销美国的青田石雕有2500箱，而且每箱头等货值洋100元，次者值洋40～50元。

而国外销售的石雕，多则为实用品。它们大多数选用的是普通的石料，雕刻较为粗糙，价格也很低廉。主要品种有：书夹，有13～23厘米多种，每对价3角至2元；烟灰盒，每元10只到25只；灯台花坛类，每对1元到5元左右；神像，每尊1元到10余元；雪茄烟盒，每只1元到三四元；中国著名风景，最低价值二三元，而最高价值数10元；笔架，有大小之分，均以花卉禽兽构景，其花样较多，其中小者每元20余只，大者每只数元。

抗日战争爆发以后，无论在国内还是在国外，青田石的销路都受到了很大的影响。1939年，石雕产量只有4050箱，产值24.3万元。后来，石雕外销经基本断绝，绝大部分的艺人被迫改行转业，有的流落异乡，而能坚守老本行的石雕艺人已为数不多。

从清代到民国时期，石雕产品主要为实用品。同时，也出现了既有实用价值又有观赏价值的实用艺术品及部分纯观赏艺术品。由此可见，这一时期的青田石雕艺术还处于实用观赏品阶段。

五　新中国成立后的青田石雕

新中国建立以后，人民政府对青田石雕艺术颇为重视，并按照“保护、发展、提高”的方针积极组织艺人归队就业，恢复石雕的生产和发展。从1955年6月到1956年9月，先后在山口、油竹、城镇、方山成立了石刻小组和石刻合作社。

据相关的统计，1953年，全县只有35人从事石雕业，其产值为9300元。到1956年时，4个石刻合作社（山口、鹤城镇、油竹、方山）共有社员486人，而且产值也增至22万元。

由于艺人们生产积极性高涨，而且互相进行技术交流，同时得到专业美术工作者的指导，使石雕技艺水平大大得到了提高，而且石雕作品也一致受到国内外的好评。1953年2月，在浙江省举办的民间美术工艺品展览会上，参加展出的青田石雕作品有《梅花》、《荷叶瓶》、《绿化山区》、《葡萄山》、《横渡金沙江》等。后来，在上海的展览会展出时，一位波兰贵宾参观完青田石雕后，在纪念册上写道：“在离开的时候，我不能不买一块石头，因为这些小石头被中国的艺术家们变成了有生命的东西，它将使我永远怀念美丽的中国。”1956年春，浙江省省长就曾把一只青田石雕花瓶和一件石雕人物作品作为礼物送给了当时在杭州访问的苏联最高苏维埃主席团主席伏罗希洛夫。1956年10月，浙江省省长把一些浙江省名特产和工艺美术品赠送给当时在杭州访问的印度尼西亚总统苏加诺。苏加诺对其中一件青田石雕工艺品很感兴趣。在游览西湖时，他还饶有兴致地换上眼镜，在先贤祠前厅的卖品部里，仔细欣赏并挑选石雕工艺品。

随着时代的发展，社会上的那些对民间艺术和民间艺人的陈旧观念得到了改变。这使石雕艺人开始受到全社会的尊重。如1956年7月，张仕宽、林如奎、朱正普、吴如干被评为石雕名艺人。1957年7月，张仕宽、林如奎、朱正普、吴如干4人赴北京参加全国第一次手工业艺人代表会议，受到了中共中央副主席朱德的亲切接见。1959年，张仕宽应邀赴北京参加中华人民共和国成立十周年国庆观礼。

1958年12月，把先前的4个石刻生产合作社（山口、鹤城、油竹、方山）都转为地方国营企业，并建立了青田县石雕厂和4个分厂。1960年10月，当时4个石雕工厂共有368名职工，并转为县属集体企业。

对于技艺人才的培养，集体企业颇为重视。1956年前后，各厂都分别招收了一大批青年艺徒。而在1958年，又选送10多名优秀艺人和青年学徒到浙江美术学院民间工艺系学习，还选派2名青年艺人到浙江省工艺美术研究所进行创作研究。同时，抽调20多名艺人到杭州、云南、辽宁等地传授雕刻技术，并帮助发展当地的玉石雕刻。

在上世纪50年代后期至60年代前期，青田石雕的技艺水平不但达到新的高度，而且也出现了大量优秀的艺人和作品。尤其是张仕宽的《葡萄山》和潘雨辰的人物作品，在国内外都享有很高的声誉，而且也对青田石雕的创新有着深刻的影响。另外，还有吴如干的《牡丹瓶》，金精一的《梅桩瓶》，杨楚照的《酣睡》及大型作品《吴越王射潮》、《西湖全景》也深受好评；林如奎的《冰梅》、《高粱》是继《葡萄山》之后，采用传统花卉雕刻技艺表现出时代新意的佳作。1964年5月，郭沫若到青田参观石雕工厂时，面对琳琅满目的石雕作品，挥笔写诗，并高度赞扬青田石雕“斧凿夺神鬼，人巧胜天然”。

1966年冬，我国开始了“文化大革命”，随着“破四旧”之风的横行，把传统题材的石雕作品视为“复古”、“倒退”，使许多“帝王将相，才子佳人”的石雕作品被砸毁。

1967～1969年，石雕工厂长期处于停滞状态，虽然此后工厂恢复了生产，但很多作品只用于展览而不能卖，而且其创作题材也主要强调的是“突出政治”。不久之后，这时期的特殊产物就被堆放在仓库了。

1971～1972年间，由于周恩来总理和国务院其他领导人指示要加快工艺美术品的生产发展，还要扩大出口。之后，实行了一系列措施，使青田石雕的产销呈良好态势发展。在1972年举办的“全国工艺美术展览会”上，参展的青田石雕有《咏梅》、《高粱》、《更喜岷山千里雪》等作品备受好评，而且还在《人民画报》、《红旗》、《人民日报》等报刊分别进行了介绍。

1973年2月6日，青田县不但成立了工艺美术公司，还负责统一管理全县的石雕供产销工作。同时，石雕工厂还招收青年学徒，使职工队伍迅速扩大，并建立了50多个石刻小组，在鹤城镇居民和农村社队，加大发展石雕生产的力度。这一年完成的石雕出口总产值达106万元。1974年初由于开展政治运动的影响，青田石雕生产计划不足，石料短缺，工厂也处于停工、半停工状态，其产值急剧下降。1975年，青田石雕出口产值才34万元。

“文化大革命”结束后，青田石雕发展进入了一个新的时期。1978年春，在北京中国美术馆举办的“全国工艺美术展览会”上，展出了20件由艺人们精心创作的青田石雕作品，其中有《群马》、《葡萄山》、《松鼠葡萄》、《报春》、《杨梅》、《冰梅》、《松竹》、《高粱》、《荷花》、《谷子》、《花果篮》、《八棱瓜》、《吊环花篮》、《山茶花》、《爵》、《民族小孩》、《九龙瓶》、《密林深处》、《百鸟颂东风》等。张梅同的《松鼠葡萄》、《葡萄山》、《冰梅》和林如奎的《高粱》被选入大型《中国工艺美术》画册。邓小平在参观工艺美展时，热情赞扬倪东方的《谷子》说：“俏色用得好。”1978年5月，我国领导人访问朝鲜民主主义人民共和国时，曾赠送给金日成主席一件林耀光创作的《群马》青田石雕作品。

20世纪50年代至七八十年代，虽然还在大量生产程序化的具有实用与观赏功能的规格青田石产品，同时也打破“实用观赏相结合的原则”的限制，积极探索借助于石雕艺术反映新的生活和时代精神的艺术作品。至此还涌现出一大批优秀石雕艺术家和优秀作品，大大提高了青田石雕的艺术品位，使其观赏功能开始占据主导地位。青田石雕在这段时期已经开始从实用观赏品向观赏实用品乃至观赏艺术品发展。

80年代以来，青田石雕艺术不但出现了空前的盛世局面，而且还有一大批优秀的石雕艺术家更趋向于成熟，同时也创作出了很多具有相当高艺术价值的精品。

青田石雕在历届的全国评比中，赢得了很高的声望。1982年5月，在江苏连云港召开的“全国贝雕暨石雕产品质量评比大会”上，当时的石雕代表作品《高粱》、《秋》、《江南春》、《春》、《花果篮》获得了优秀作品奖，同时青田石雕厂的批量产品也荣获了第一名。同年8月，在“全国第二届工艺美术品百花奖评比大会”上，青田石雕荣获国家“银杯奖”。林如奎的《高粱》、周伯琦的《春》及倪东方的《秋》荣获优秀创作设计二等奖。

1984年4月，林耀光的《千里雄风》在“第四届中国工艺美术品百花奖”评选中，荣获了优秀创作设计二等奖。

1985年7月，留秀山的《葡萄山》在“第五届中国工艺美术品百花奖”评选中，荣获优秀创作设计一等奖。

1986年9月，倪东方的《秋菊傲霜》在“第六届中国工艺美术品百花奖”评选中，荣获优秀创作设计一等奖，同时也被确定为珍品，并被国家征集收藏。

随着近几年我国改革开放事业的发展，国际经济、文化的交流日益频繁，好多优秀的石雕作品都被选送到国外参加展览。1982年，曾选送石雕作品在日本、巴拿马、美国、马耳他、意大利、塞浦路斯、哥斯达黎加等地展出。1983年，在新加坡、香港等地展出。其中，由石雕艺术家杨楚照为主设计，先后有8位艺人参与雕刻的大型作品《西游记》青田石雕，在香港展览中展出。该作品高0.9米，宽0.4米，长1.5米，重236千克。它根据石料各部位色泽、质地、形态的不同，采用周密的构思和巧妙的布局，精心雕刻了古典神话小说《西游记》中《龙宫借宝》、《三借芭蕉扇》、《花果山》、《三打白骨精》、《大闹天宫》、《过假西天》等几个重要情节，所刻划的人、佛、神、仙、怪、妖形象有100多个，同时还配上名贵的花梨木嵌铜花底座。其内容不但丰富，形象生动，而且气势雄伟，典雅华丽，曾在香港展轰动一时，并被“宋城”所收藏。

在农村经济体制改革新形势下，青田农村家庭的石雕业，由自主产销逐渐替代了过去依赖集体的模式，并出现了好多石雕专业户。据相关的调查，1984年共有965户人家的山口村，其中从事石雕和叶蜡石开采的人家就有920户，占总数的96%，而且年产值200多万元。他们有的上山开采石料；有的组织生产，有的到全国各地采购石料，有的推销产品，使青田石雕的经济得到快速发展。不但推动了新农村的建设，也使农民普遍增加了收入。

全县石雕产值也一路飙升，1977年为63万元，到1985年为622万元，1986年高达817万元。

青田石的种类

中篇

Qingtianshi De Zhonglei

青田石的色彩分类包括有青色、蓝色、白色、黄色、棕色、红色、绿色、褐色、黑色、多色等十大类。

第一章

青田石的产地分类

青田石产地较为广泛，而且石料的色泽、质地、纹理也是多姿多彩的。在相关的文字记载中，关于青田石的名称就有20余种，但是混淆和错误的地方就特别的多。现经多年实地调查，不但广泛搜求，多方请教，而且反复研讨，并整理出青田石的品种名称108种。其中，既有历代文人所取的富有书卷气的雅号，又有当地采石工、雕刻艺人随手拈来的具有乡土气息的俗称。另外，一部分是根据石质、色相、产地而命名的。下面将以产地为序，对各种青田石分述如下：

一　封门石

封门，又名“抬轿岩”或“沙帽岩”。该岩位于山口以西2.5千米处，上有巨岩矗立，山势较为陡峭。在《青田县志》中封门称“枫门”。在《林氏宗谱》中山口称“风门”。民国时有人误写为“疯门”。据传说，古代有10位石工在山上苦熬一年，终于采到一窝“冻石”。县太爷知道这件事情后，便整点兵马赶到洞口，称冻石归官家所有，并命令石工为之开采。石工不从，其中一人因出洞探听动静而被抓获，其余9人都被封闭在洞中而屈死。后人为纪念他们，就把此矿洞称为“封门洞”。清乾隆以后，一般印学著作及印人，都称之为“封门”。新中国成立以后，此地被开辟了工区，其矿产极为丰富。1958年，蜡石矿把封门改为“丰门”。

封门洞的开采具有悠久的历史。据清光绪年间《青田县志》载："枫门洞在县东二十五里，岩穴深广，可容百余人，出冻石温润如玉。中有五塘，其水冬夏不竭，莫知其源，听之泠然有声，石产塘中者尤佳，士人呼为五塘冻石云。康熙间郡守钱公一信、刘公起龙，乾隆间罗公达春，道光间董令承熙皆有题名。"由此可见，早在300多年前封门洞就被开采了。由于古代的开采工具十分简陋，因此，要在遍布花岗岩的石山中凿洞开挖雕刻石，并非一件容易的事。而在清康熙年间(1662—1722)，封门洞却既深且广，可容纳百余人，需要有上千年的艰苦劳作，才能达到如此规模。

一般的封门石的质地较为温润细腻，色彩丰富明朗，石性结实坚脆，石老不易风化。如灯光冻、兰花青田、封门青、白果、黄金耀等都是著名的品种。

1.灯光冻

又名"灯光石"、"灯明石"、"灯光"等。该石呈微黄，质地较为纯洁，通体呈半透明状。因为，该石在灯光下因光的折射而显得晶莹如玉，灿若灯辉而得名。在青田石中，青田灯光冻被称为极品。通常它外面都裹有一层硬度约摩氏8级的坚硬岩石，而且产量极少，其摩氏硬度约2级，不易崩缺，易于镌刻，削刨出现的石屑为连贯的片状。

据明屠隆(1542～1605)《考磐余事》载："青田石中有莹洁如玉，照之灿若灯辉，谓之灯光石，今顿踊贵，价重于玉，盖取其质雅易刻而笔意得尽，今亦难得。"明代郎瑛《七修类稿》曰："今天下尽崇处州灯明石，果温润可爱也。"明代篆刻家甘旸在《印章集说》中记："石有数种，灯光冻石为最，其文俱润泽有光，别有一种笔意丰神，即金玉难优劣之也。"灯光石"微黄，纯洁，半透明，坚致细密，价等黄金，为青田最上品"。

清康熙年间，王士祯在《香祖笔记》中载："印章旧尚青田，以灯光为贵。三十年来闽寿山石出，质温栗，宜刻，而五色相映，光彩四射……时竟尚之，价与灯光石相埒。"据清代著名学者韩锡胙在《滑疑集》中载：元代书画大家赵孟頫"始取吾乡灯光石作印"。明代文彭"所取尽青田俗所谓灯光冻者，后来无石不印。求其坚刚清润莫青田若也。"1985年4月，在封门矿区的岩壁小路上，有山口村民在此歇息。用铁锤敲打路旁岩石，无意中发现佳石，后经开凿得灯光石近5千克，制成印章8枚。

▲ 灯光冻斜头章

封门、旦洪、白垟、西山一带等

明代

而关于灯光冻的产地，清时山口《林氏宗谱》记：“田麻坑对面转过一山曰西山庄为西山洞，此系嘉庆初年始开，故名新坑。自官洪洞至此皆连头岩壁中，凿出上者映烛透亮，统称为灯光冻。”由此可见，在的那个时的封门、旦洪、白蚌、西山一带都出产有灯光冻。其中，出产的质量较好的当属封门。

灯光冻又有以下6个品种：

（1）官洪灯光。

又称“灯光石”，该石呈微黄色或黄色，在石材表皮层内大约4毫米处，有的如老南瓜丝状纹，奇丽无比。其中，通体金黄色的为上品，并多呈半透明状，其质感比封门灯光稍强些。

（2）封门灯光。

该石呈微黄色、青色，而且多为透明或半透明状。质地较为纯净、柔软细腻，因此价值极高。

（3）尧士灯光。

在烛火、灯光下映照该石，如碧玉一样晶莹，可透出白净的冻色，如中秋的月色一样。在肌理中，常有针尖般细小的金银色点，好像是月夜中的点点星光。其中，尧士灯光又分为金星灯光和银星灯光。石质柔中带脆，且质感和刀感皆佳，石屑呈细碎的白片。

（4）一线灯光。

该石多产出于山口的牛寮坦与黄田背南光洞中。呈微黄略带白，质地较为细腻光洁，呈半透明状，且刀感爽利。由于该冻石都夹生在叶蜡石脉中，所以又称“白草冻”。

（5）北山灯光。

该石产于北山，因而命名为“北山灯光”，又称“小晶洞”。其色如羊脑白或乳白，莹洁如玉。在肌理间，有金银星点。刀感欠佳。

▲ 官洪冻圆头素面方章

旦洪

元代以前

▲ 北山晶雕《步步高》文玩

规格：9×5厘米

（6）小顺灯光。

该石产于丽水小顺乡（原属青田），并因此而得名，但又称“处州灯光”、“玻璃冻”或“水晶冻”。在露天丰就可以采到该冻石，且篆刻尚佳。

2.鱼冻石

又称“鱼脑冻”，即带杂质的灯光冻。该石呈青色微黄，石质较为温润细腻，有浅色斑点、格纹或杂质隐见于肌理间。该石除了旦洪、封门、西山、白土羊一带产出，还有就日处州松阳。

在灯光冻中，有一种筋瑕，石色泛白，有浅色斑点。含有较多格纹于肌理中。其质地较为温润，和灯光冻颇为相似。有人把它作为灯光冻中的次品。

3.兰花青田

又称“兰花石”、“兰花”、“兰花冻”。多产出于山口、封门各矿洞及尧士山南光洞。有嫩绿色的斑块隐见于白色而半透的地子上，如兰花般姣洁、柔嫩。质地较为明润纯净，通灵微透，易于受刀。多伴生有顽石，块大的较为难得。兰花石产量稀少，近年来在尧士矿区的南光洞偶尔也有产出，石色纯净，是极为难得的上品。

4.封门青田

又名“风门冻”、“风门青”。古人把枫门洞所产温润如玉的石称为“五塘冻”，即为此石。石为淡青色，不及兰花青田之青中偏绿，质地较为细腻坚实。在肌理间，多伴有白色、浅黄色线纹。呈微透明，富有光泽，软硬适宜，不坚不燥，易于受刀，尽显笔意韵味。现在所见到的上等封门青，多产于塘中。

另外，与“封门青田”相关的还

▲ 鱼脑冻自然形

▲ 兰花青田雕古兽把件

封门、尧士

明代

有“蓝带青田”、“蓝钉青田”。实际上，是在纯净的封门青底子上伴生有绚丽的宝蓝色泽，一点点，一块块，深浅相映，异常美丽。软硬不一，有的易受刀，有的不易受刀。

5.青白石

在青田石中，青白石是最具代表性的一种普通石料，呈青白色，质地略粗且脆软，产量极高。一般情况下，青田石雕批量产品或普通青田石章都主要选用这种石。它多产自山口、方山一带的矿洞中，在色彩、质地方面，各处所产的青白石又稍有差异。而产自封门的青白石，呈色微灰，石性较为坚脆；尧士的青白石，偏黄色，质地粗老，不宜火煨，遇高温易崩裂；旦洪的青白石，呈色青白，多有冻点或絮纹隐现于肌理间，常伴生于大窝叶蜡石中，无泥皮，块大的比较多；白垟的青白石，色微灰，质地较为粗松，石性偏嫩，有青黑色的细斑隐见于肌理间。

6.白 果

该石产于封门，呈白色微青黄，质细不莹。据传说，从前青田民间有一种风俗，生女儿3天后向邻居亲朋分粽子，而生儿子就分白果，它是用米粉做成的一种食品。还有一种说法，它是一种外壳乳白色或灰白色的中药。虽然两种说法不一样，但都是以色相命名，通俗且妥帖。有人认为白果石和煮熟的白果仁颇为相近，色微黄带绿，又称“封门青”，这种说法不合理。该石色彩匀净，质地结实，行刀脆爽，备受篆刻家们喜爱。

▲封门青方章

▲武池白平头素面章

下堡武池

清代

7.黄金耀

又称为“黄金光天”。黄色艳丽妩媚，质地温润脆软，纯净细洁，在青田石中，属最佳的一种黄石。据说，在封门“老坑”岩壁上题有这样一首诗：“直岩下，横岩腰，十万两黄金耀；谁人开得黄金耀，千贯银赓一时销。”该石多零星伴生于顽石中，而且封门各矿洞及尧士南光洞偶有产出，以块大的较为难得。偶获小块则如视珍宝。近年来，在南光洞也有少量产出。

8.黄 果

青田地区很久以前，有生儿子3天后要向邻居分白果的习俗。而其邻县分的是黄果，即在米粉中掺以黄色树汁而做成的“果”。封门所产一种黄色石料，色彩较为匀净光洁，结实少裂，多呈不透明状，与黄果极其相似，俗称“黄果”，也是一种佳品。

▲白果图案石对章
封门、白垟

9.菜花青田

该石呈淡黄色，石质较为细嫩，其色彩会逐渐变深，在山口一带的青田石中，属最软的印石。此外，该石产区还有封门、白垟、尧土、旦洪各地。

10.酱油冻

该石多呈深褐色、深棕黄色，就像是酱油汤色，深浅不一，可达数种，而且极为古朴典雅。石质光洁细腻，有丝纹隐见于肌理内。

11.酱油青田

酱油青田原系黄色菜花青田，由于经过数十年的摩挲，色调由深渐变成酱色。在青田石中，酱油青田是一个传统的品种，现已绝产。就颜色而言，酱油青田并不是现代酱油中的“黑老包”等，也不是和作为调料的黑棕颜色酱油，而是和我国古代一种与虾油颜色相似的酱油，棕黄透明色，有点类似田黄中的肥皂黄，酱油青田即为这种颜色。在手中经长期揉搓，酱油青田表皮颜色渐深，和乌黑色较为接近。如果磨掉表皮，棕黄色的晶冻就会显现出来。晶冻通体颜色均匀，十分美观，越是早期的产品，其色调就越浅。

早期的青田冻，是一种通体冻石，而且和封门青颇为相近。一直以来，该石都被视为极为难得的珍品。

12.朱砂青田

该石呈红色，特征是浑厚艳丽，质地较为细腻纯净，是青田红色石料中的佳品。一般情况下，都间杂有浅

▲ 黄金耀雕《骏马奔腾》摆件

规格：75×14厘米

▲ 菜花青田自然形（局部）

封门、旦洪、白垟、尧土各矿洞

▲ **封门酱油冻雕《紫翠红香》摆件**

规格：27×38厘米

▲ **酱油青田雕《牛劲》摆件**

规格：20×18厘米

黄色斑块。

13.紫罗兰

色如紫罗兰叶，文静典雅。该石的质地较为细腻温润，石性坚韧有砂，肌理中隐见青白色细密冻点。

14.封门绿

该石呈鲜绿色或翠绿色，且质地较为细腻通灵，石性坚硬，难受刀。此石有的呈蛋状夹生于叶蜡石中，有的呈斑纹状遍布在灰白色硬石上。

15.蓝 钉

该石多产于山口一带的各矿洞中。此石又称“蓝钉青田”，俗称“蓝花钉”。其色多有宝蓝色、紫蓝色的斑点或球块。由钢玉组成蓝钉外围(摩氏硬度9级)，而且还有少量的水渗在钢玉的外面。其内部石性稍软，并含有细针状红柱石(可达摩氏硬度6.5～7.5级)和少量的叶蜡石、钢玉。由于蓝钉坚硬，不易受刀，不能用于印章，做一般的雕刻品也不可以。不过，也有部分精雕作品将它巧妙利用，凿打成山石，使其达到“化腐朽为神奇”的艺术境界。

16.蓝 星

产于封门蓝于山口一带各矿洞，量少而价高。该石又称“蓝星青田”，呈青色或黄色，并有蓝色星点散布在石料上。其外观和蓝钉较为相似，矿物学上，将此划分为蓝线石，质地较软，手工雕刻即可。又通常被外地的玩石者统称为“封门蓝”或俗称“蓝花青田”。封门蓝色泽不但绚丽可爱，易于受刀，尤其以蓝色星点密集分布更为好看，像是泉水泛出，颜色鲜艳而富有灵气。

▲ 封门绿自然形
清末

▲ 朱砂青田自然形

▲ 蓝星《吉星高照》摆件

规格：22×10厘米

▲ 紫罗兰方章

▲ 蓝钉青田钮章

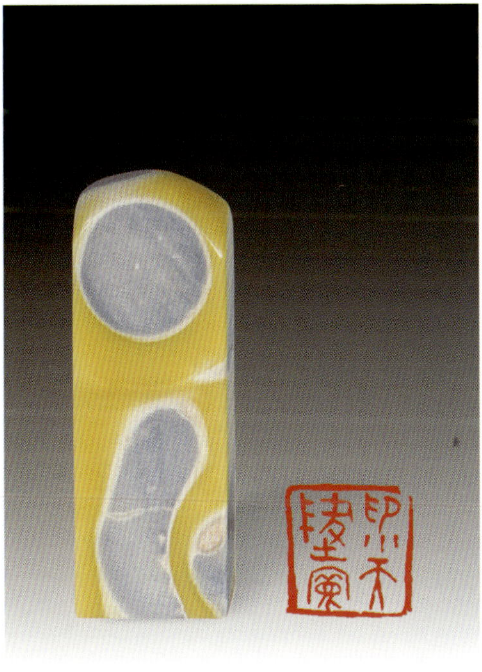

▲ 蓝带冻素章

规格：22×10厘米

▲ 紫罗兰冻玉素章

17.蓝 带

又称“蓝带青田”。其石色、石性和蓝星相同。蓝星密集分布形成片状，其横断面即为带状，所以称之为“蓝带青田”。该石不但色泽绚丽，而且易于受刀，山口各矿洞中均有产出。

18.黑青田

俗称“牛角冻”，其色黝黑发亮，质地较为温润细腻，且色浓紫而带黑，石性坚硬，带有脆性，无杂质，呈不透明状，富有光泽，以块大者较为难得。可能是由于矿脉形成时受震动的缘故，该石有白色横纹隐见于肌理中，横纹多环绕石身，时有纵向断落的痕迹。有的夹杂有其他色彩，这些天然色彩可充分巧妙地利用起来，并勾画成惟妙惟肖的艺术图像，或使浓如纯漆的黑色与其他色彩交相辉映，更显清巧可爱。封门各洞中均有产出，以大块的较为难得。

19.封门三彩

该石以黑青田为主，并有酱油冻分布在石料上，而常有一薄层封门青夹于两色间。有时，也见有黑、青、黄、棕、蓝多色或仅有两色。该石不但色彩鲜艳，而且质地较为细润，层次分明，是作俏色印章、精雕品的首选珍贵石料。

20.封门雨花

该石花纹最为奇特，精致美妙。有的像行云流水，有的似鸟翔鱼跃，有的像峰峦叠翠，有的像戏剧脸谱。地子有青白色、乳白色之分，花纹多为酱紫色，大多质地都比较坚硬，多细砂，难以受刀。

▲ 蓝钉青田雕《瓜儿熟了》摆件

规格：26×17厘米

▲ 蓝星雕《星光灿烂》摆件

规格：17×17厘米

▲ **蓝带雕《巫山神女》摆件**
规格：26×29厘米

▲ 封门黑雕《通宝》摆件
规格：12×20厘米

▲ 封门雨花圆头章

▲ 酱油雕《牛劲》摆件
规格：20×18厘米

▲ 封门三彩雕《映日荷花别样红》摆件
规格：25×46厘米

21.冰纹封门

在封门石中，冰纹封门是一种质地温嫩，多裂纹的石材。而且石纹经长时间摩挲会变成紫酱色冰纹，时间愈久颜色愈深，极其古朴可爱。

22.金银纹

有清晰的黄色、白色条纹分布在该石淡黄色的地子上。石质较为温润细嫩，极易受刀。

23.蚯蚓缕

该石呈青色微黄，有冻点隐见于肌理间。而且在石中间有棕色、乳白色的色层及冻石，且石质较为一般。其形色极似蚯蚓缕，并因此而得名。

24.米稀青田

该石多产于山口一带各新老矿洞中，俗称“米碎花”。有极细的小白点布满深黄、淡褐、灰黑等的地子上。该石“明坑较多”。

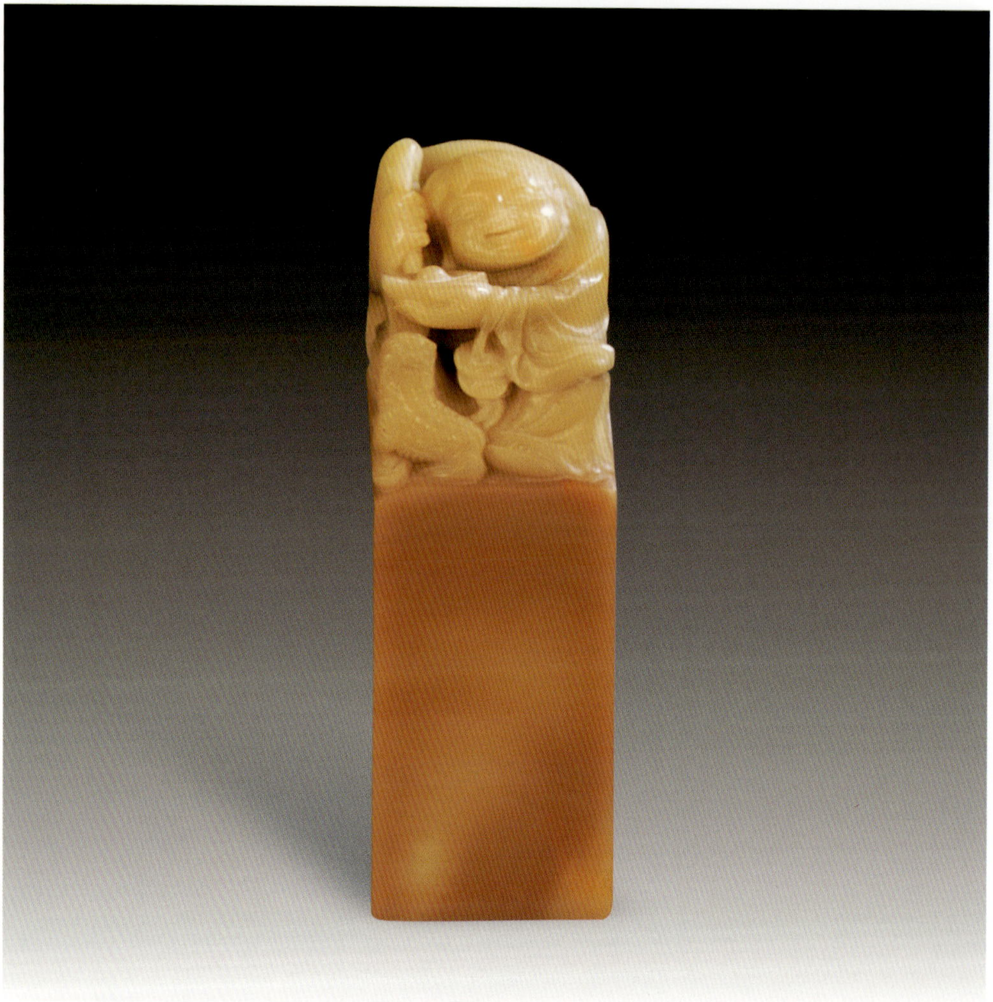

▲ 岭头紫线雕人物钮章
封门

▲ 蚯蚓络自然形

封门

▲ 朱砂青田素面方章

封门、周村

清代

▲ 红星雕狮钮章

封门一带

▲ 黄果冻雕《何处是绿洲》摆件
规格：20×20厘米

▲ 米稀青田方章
山口一带新老矿洞

二　旦洪石

旦洪靠近灵溪的左侧，举目可望，且位于山口以南1.5千米处。“上自鲤鱼奇崖壁中为先期官府所开，为官洪洞，其石最美。前面溪旁从白泥中按气而求，开成深洞，新旧相错，采出白石，质不甚坚顽，除锯为印章外，可以雕琢杂物者在此。”在元代以前，官洪洞已经开采，品类不但丰富，而且石质甚佳。据记载：“外自龙潭头，在后一山系杂岩中开出，其色紫白相间，名紫檀洪。有为坟垄脉阴所关，曾其子孙宰猪而禁，即名禁猪洪。有色带嫩青者，为头青洞。”由此可见，古时邻近还有数洞。因这一带青田石开采历史悠久，而且规模较大，并常有大批“烂岩”(叶蜡石)堆在矿洞前，人们常去翻动搜选或搬运清理，俗称“担洪”。新中国成立以后，蜡石矿就在这里建立了工厂，并定名为“旦洪”。

旦洪矿区不但范围较广，而且新旧矿洞多，产量极高，除前述的鱼冻、灯光冻、青白石等石外，还有五彩冻、官洪冻、蜜蜡冻等名石。

1.官洪冻

该石呈青色微黄，质地较为温润细嫩，且凝腻光洁，莹洁通灵，色近兰花。产于官洪、大塘等洞中。有人因不明产地来历，就误称“官洪”为“官红”，而把红色青田石称为“官红冻”或“官红青田”，实际上这是不正确的。

2.兰花青

该石多产于大塘一带。其特点是有墨

绿色的花斑，散满在青色冻地子上，犹如水墨挥洒在素绢上，浓浓淡淡，自如文雅。石质较为细腻温润，呈微透明状。

3.麦 青

该石多产于禁猪洪一带。呈青色略有灰白，且质地较为坚韧、结实、不莹，有浅色花纹隐见于肌理间。石质较为一般。

4.雨伞撑

该石产于嫩垟湾一带。因其形像是一把撑开的雨伞，并因此而得名，且有明显的放射状白色、紫色结晶。根据矿物学把它归属于硅线石。质地松散，不堪雕琢。多有一层青色冻石于“伞”底，其他的皆常石。

5.相子白

该石产于出官洪、白垟、老鼠坪及尧士等地。其色最为白净，不但质地细腻，而且石性脆软结实，呈不透明状。在肌理间，有少数的冻点、冻线。

6.蜜蜡冻

该石多产于禁猪洪。其色黄如蜡，醇厚深沉，不但质地较为细嫩，而且通灵光洁，极为可爱。

7.夹板黄

该石产于旦洪一带。其为深黄色，石质较为细净结实，呈不透明状。在茶褐色石料中，往往伴有少数的裂纹。

8.黄 皮

该石产于风箱洞，大塘一带较多。因石料外层长期受含铁质水液渗染，所以在青色石料外裹有一层棕黄色。质地细嫩通灵。

9.石榴红

该石产出于官洪、禁猪洪等洞中，又名“红花冻石”。在红色石料上，常有青色、黄色斑块，和石榴皮颇为相似，并因此而得名。质地细净，性脆微砂，不易风化，料好而少。

10.红花青田

该石产于禁猪洪及其他矿洞中。有红色花斑分布在青白色的石料上，而在肌理中，隐见有冻点，质地稍粗。经火煨后，石质会变得细腻且富有光泽。

11.乌紫岩

产于大塘一带。呈黑色略紫，质地较为一般，结实少裂。在肌理间，有疏朗微细的白色花点。

12.五彩冻

又称“五色青田”。有红、黄、绿、紫、白等色分布在黑色的石料上。色彩不但绚丽多姿，而且石质较为细润通灵，质老不易风化。该石多产于羊栏坑，因古代曾有人居住在这里牧羊，并且建有羊栏而得名。民国时期，所产的五彩冻石最为丰富，曾一度成为青田石雕精品的唯一石料。此外，还曾在旦洪羊栏坑出产一批上好五彩冻石，现在已极为难得一见了。

13.满天星

该石质地较为细腻光洁，旦洪各矿洞中均有产出。有白色的小圆点布满褐色的石料上，犹如宁静的夜空中满天闪耀的星光，堪称奇观。

14.松花冻

该石多产于官洪各矿洞中。其地呈青色，有如松树花、花生壳的各种花纹

▲ 夹板冻雕《宁静致远》摆件
规格：15×45厘米

点隐见于肌理间，质地较为温嫩细软。

15.松皮冻

该石产于山口、季山一带各矿洞中。有黄色、淡青色的椭圆形斑点，散布在青黑色的地子上。酷似松皮，并因此而得名。石质坚脆结实，少纹裂。

16.紫檀纹

该石呈紫檀色，并有黄灰色的平行条纹散布在石料上。不但粗细疏密相间，而且色调古朴典雅。可雕刻成器皿。一般石性较为坚脆，实而不莹，有细砂，少裂纹。

▲ 夹板冻雕《出类拔萃》摆件

规格：30×50厘米

▲ 红花青田自然形

▲ 石榴红对章

官洪、禁猪门、封门

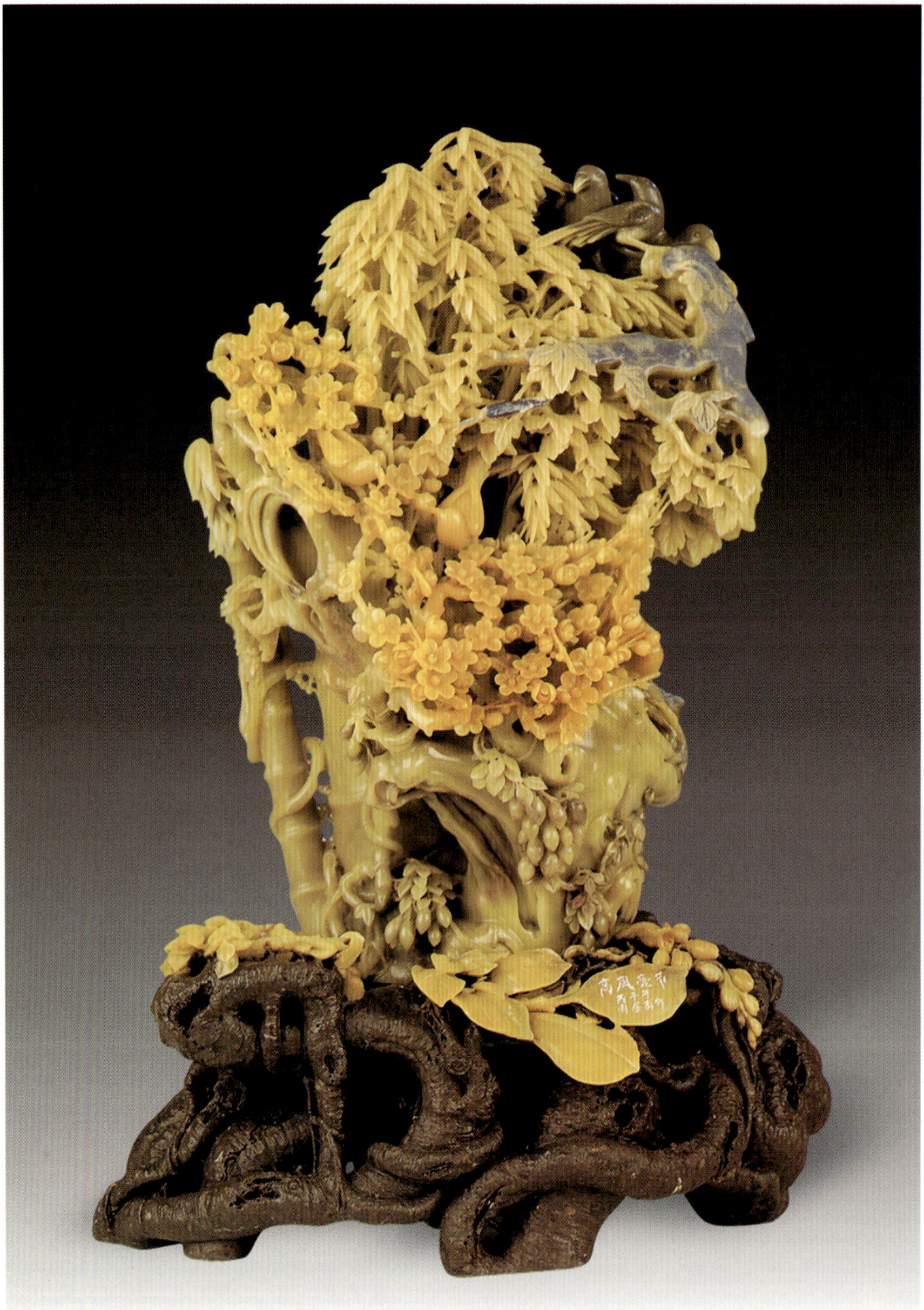

▲ 五彩青田雕《高风亮节》摆件

规格：33×45厘米

▲ 黄皮斜头素面方章

旦洪、尧士

▲ 红花青田平头素面章

旦洪

明代

▲ 千丝纹素面方章
旦洪

▲ 满天星斜头方章
旦洪、封门

▲ 乌紫岩自然形章
旦洪、季山
清代

▲ 五彩青田貔貅钮章
旦洪
民国

▲ **松皮冻平头素面章**
山口、季山一带各矿洞
清代

三　尧士石

尧士山位于山口之东1.5千米处。而尧士矿区位于灵溪的右侧，在灵溪的左侧另有旦洪、丰门、白垟3矿区。1957年，在山口出土过一块用尧士岩制成的明嘉靖二十二年的墓志碑。由此可见，该岩开采历史相当悠久。清乾隆年间《青田县志》中载："青田二都有图书洞，青田图书石出此。"查看当时二都的示意地图，图书山位于灵溪的右侧，而且紧靠山口庄。由此可知，当时青田石的主要产区就是现在的尧士山。民国时期，称尧士山一带为"岩垄"。据1931年中央研究院地质研究所丛刊记载："山口岩垄近年白石最多，紫石次之。白石色微黄，紫岩暗紫，皆细洁纯滑。尚有色红而兼微黄，内含蓝钉，质粗不适刀者。岩垄为近来产印章石最多之地。"新中国成立后，在这里建立了尧士工区，所产的多为紫色花杂，质地稍粗。近年来，私人在这一带开采甚多，且石质石色俱佳。尤其是1975年，牛寮坦村民叶南光在外头山山腰凿洞开采，不但获得大批冻石，多时可达近万斤的年产量。如蓝花青田、南光青、金王冻等都是冻石中的佳石。近些年，大部分的青田石雕精品石料都由这里产出。

1.南光青

该石产于南光洞。呈青色偏白，质地较为细润纯净。石性坚韧，微冻。在肌理中，常隐约可见白色斑纹。比蓝花青田稍次。

2.金玉冻

该石封门各洞及尧士南光洞中均有产出。有青色、黄色之分，温润明净的青色和通灵光洁的黄色对比柔和，不但过渡自然，而且质地细腻，微冻，是雕刻精品的上等石材。

3.夹青冻

该石产于尧士和塘古。尧士所出产的冻层呈凹凸形，局部呈块状；而塘古所出产的冻层较平整，多呈层状，厚度为1～1.5厘米。呈青色，质地不但温润，而且莹洁通灵，并多伴生于灰青色粗硬石料中。

4.猪油冻

该石产于尧士各矿洞。呈白色偏黄，微冻，不但质地较为细腻纯净，而且石性坚脆。油腻感较强，多伴生有顽石，皆为小材。

5.蒲瓜白

该石多产于南光洞，又名“葫芦白”。白色微青，质地细腻、温润、光洁。在肌理中，隐见冻质花纹。

6.秋 葵

该石产于尧士、旦洪等矿洞。淡黄色如秋葵花冠，色彩娇艳。不但质地温润凝腻，而且坚青微冻。

7.黄青田

该石产于山口一带各矿洞中，产量极高。又称“青田黄”，是一种普通的黄色石料。其色调有4种，分别是淡黄、中黄、焦黄、老黄。石质较为粗糙，石性脆软结实，呈不透明。

▲ 南光青雕龙钮章

8.牛墩黄

该石产于牛寮坦牛墩头而得名。呈深黄色，石质较为一般。据民国初年冒广生在《青田石考》中载：“牛墩洞所产石亦黄，较渡船头色稍深。”由此可见，此洞开采历史久远。

9.橘 红

该石产于南光洞。其色如橘瓣，黄中透红，不但质地较为温润细嫩，而且通灵明净，石性脆软。大块的较为难得。在青田石中，属上品。

▲ 金玉冻斜头方章
南光洞、封门、旦洪

10.豆 沙

该石产于尧士各矿洞中。深紫红色，就像是煮熟的赤豆，因此得名。不但质地细腻纯净，而且石性脆软，富有光泽，无杂质，无裂纹。以纹净多且块大者较为难得。

11.紫 岩

该石产于山口、季山各矿洞，产量极高。呈沙褐色，又称“沙青田”。

▲ 夹板冻自然形

南光洞

清代或民国时期

▲ 猪油冻雕龙钮章

尧士、白垟

清代

▲ 紫檀花冻自然形

▲ 橘红青田雕钮章
南光洞

▲ 秋葵素面方章
尧士、旦洪等矿洞

其色浅深不一，多达数种，质地较为粗硬，石性坚韧，肌理内含有花点，一般供作座垫。民国时期，季山曾采紫岩作砚台或作供温州一带船夫、渔民抛入江海的迷信品 。

12.紫檀花

该石产于山口、季山各矿洞中，产量丰富。呈紫檀色或乌紫色，而且深浅不一，多伴生有黄色、黑色的各种冻质花纹、斑块。质地较为细润，石质一般。主要用于制作普通石章或底座。

13.水藓花

该石产于尧士及旦洪的嫩蚌狮子岩下等地。有苔藓状的黑色花纹，隐见于青白色或其他颜色的石料中。叶茎清晰，极其精美，似远古时代的植物化石。因为叶蜡石岩层裂缝中渗入含有锰的水溶液，而锰液具有一定的吸附作用，所以形成了这些花纹。

14.笋壳花

和山中笋壳颇为相似，故而命名。石质较为粗糙，结实少裂。产量极高，主要用于制作石章或底座等。

15.苞米花

地子有青白色和浅黄色两种，并伴生有白色斑点和黑色花纹。因白斑形色和炸过的苞米极为相似，故而命名。质地较为温润细腻，且产量较少。

16.千丝纹

该石又名“千层纹”。有无数平行、细密的色线散布在熟褐、淡黄色石料上。鲜明精致，无比美观。石质细腻，结实不莹。因石料剖面的变化，又呈现出指纹、蚌纹等奇特美妙的图案。

▲ 红木冻钮章

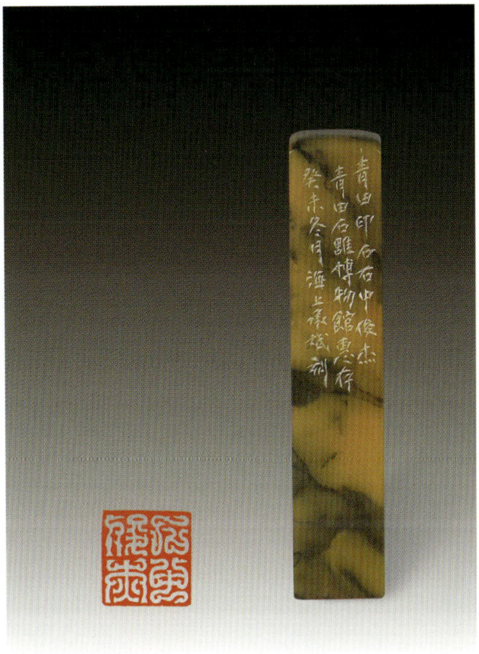

▲ 紫檀花冻平头方章

▲ 紫檀花冻平头方章

▲ 紫檀花冻斜头方章

山口、季山各矿洞

北宋

▲ 木纹青田原石

尧士、封门

▲ 水藓花自然形

尧士、旦洪

▲ 柏子白素面方章

洪官、白羊、老鼠坪和尧士一带

▲ 笋壳花素面对章

山口一带

▲ 苞米花方章

尧士和山口一带矿区

▲ 封门夹板雕《喜上眉梢》摆件

规格：26×34厘米

▲ 芝麻花圆头方章

尧士

▲ 皮蛋绿雕龙纽章

封门

17.木板纹

该石产于尧士、大岩下、封门一带。有深浅不一的木板纹似的线纹，散满在灰黄或紫酱色的地子上。自然流畅，富有韵味。石质较好，有微小的白点、冻点隐见于肌理间。

18.芝麻花

该石产于尧士洞。石料呈青白色。在肌理间阴暗处有细密的黑点，石料较好，质地较为细腻。多生于岩石外表，大块的极其罕见。

四　白垟石

白垟位于山口南面6千米处，属方山乡，盛产青田石。据冒广生《疚斋小品三种》载："旧有土人采石，耗资无算，祷于神，假寐梦白羊，而得此坑，故以白羊名。"又有传说：很久以前，山上有老汉养着一群白羊。有一天老汉生病了，一只恶狼变成少年，屡献殷勤，把老汉的白羊全都骗进山洞，吃了个精光。后来，那留下的白羊毛便变成了雪白的"图书石"，那山洞即取名为"白羊洞"。新中国建立后，蜡石矿在此建立了白垟工区。主要矿洞的西面有杉木成林，名杉树降的山岗；南面为开采已久的巨大矿洞，并有泉水积于洞底，称水洞或大洞；北面傍依小坑，称坑儿洞。此外，许多私人在白垟山南的茅干湾进行开采。茅干湾，私人开采的大大小小的矿洞不下10余处，主要有开出冻石的冻洞，开出头绳缕石的头绳缕洞，位于半山腰的半腰洞及位于巨石下的大岩下等。

白垟石呈青白色，微黄，多黑纹或棕红纹。此外，紫岩也比较多，而石质稍坚的有多蓝钉、蓝星、蓝带等。

1.白垟夹板冻

该石呈灰黑色、深紫色。多为杂生一层到三四层的青色或黄色冻石。石质极其晶莹通灵。有的艺人因材施艺，常把层状冻石雕刻成葡萄、花卉，而把其他深色石料雕刻成枝叶、山石、藤蔓，从而创作出大量精美的艺术品。

2.麻袋冻

该石产于茅干湾一带。有浅黄色斑点分布在深黄色石料上，有的斑点稍大，让人有种粗如麻袋的感觉。而实际上，石质较为温润细嫩，呈微透明状，是制作印章的上好石料。

3.煨　红

把黄色石料火煅后，会变成红色。火煨时，质粗杂而且性坚老的易崩裂，以质地细腻纯净的为佳。此外，把青白色石料浸入硝酸铁溶液中，待数日后火煨则变成红色，不过一般色层比较薄。

4.艾叶青田

该石的颜色和艾叶绿较为相同，质地温润如玉，莹洁通灵，属青田石的上品，产量极少。清朝徐康在《前尘梦影录》中说艾叶绿青田小印"石极明澈，中含绿艾绒"。现在称为芥菜绿，也属于青田石的上品，非常罕见。其中以白垟水洞所产的青田石石质最佳。

5.苦麻青

白垟各矿洞中均有产出，其中以白垟水洞所产的最佳。多呈灰绿色或深绿色，色彩较匀净，石质稍粗，石料一般。在肌理间隐见有深色细点。

6.黑 皮

该石呈青、白、黄色，在表面裹有一层3～5毫米厚的黑色石料。黝黑纯净，

▲ 蒲瓜白自然形石

尧士

▲ **黑皮斜头方章**

白垟

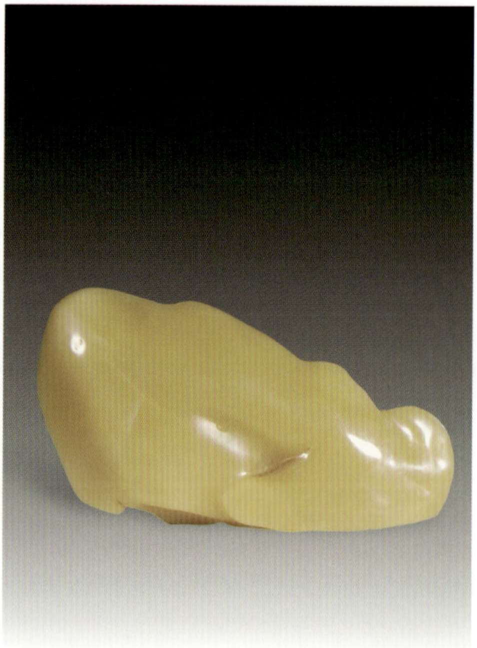

▲ **猪油冻自然形石**

尧士、白垟

清代

▲ **夹板冻《路在脚下》摆件**

规格：43×19厘米

▲ 芥菜绿圆头素面方章

白垟水洞

清代

▲ 麻袋冻素面方章

茅干湾

明代

▲ **金星青田自然形**

山口一带

▲ 蚯蚓络

封门

▲ 虎斑青田圆头方章
山口一带

极为奇特，石质较为细腻脆软，结实不莹。

7.煨 黑

渗入油类等有机质的青白色石料，经火煨后则会变成黑色，石质坚脆。

8.虎斑青田

该石产于白垟、尧士、季山等各矿洞中，又称“老虎花”。呈淡黄、棕黄色的地子上布满黑色、棕色或红棕色的虎皮状斑纹。石质稍粗，做普通印章尚可。

9.头绳缕

该石产于山口各矿洞中。分白、红、黄等色。深紫檀色石料中分布有明显的白色平行线纹者，称为“白头绳缕”；青白色石料中分布有红色平行线纹者，称为“红头绳缕”；有黄色平行线纹者，则称为“黄头绳缕”。石质稍粗结实，少纹裂。

▲ 黑皮圆头方章
白垟

10.青蛙子

呈青色冻地，石质较为细润。在肌理间，隐见有密集的细小白点形成的团块。白点内核为硬钉，不易受刀。

11.靛青花

该石产于杉树降、水洞、坑儿洞等地。青灰色地，并伴生有青绿色花斑，质粗不莹，石料一般。

12. 云彩花

该石产于坑儿洞。黑、白、黄3色相间，卷曲的花纹形似云彩，石料也较为一般。

13.煨冰纹

把一些多细裂的石料，经火煨后投入到有色冷水中，致使爆裂，裂纹处便可吸入颜色，取出后把表面磨去，即形成似瓷器兔丝样的花纹，极其古朴典雅。不过火煨后石质会变得坚脆，易崩裂。

五 老鼠坪石

老鼠坪位于根头村西面约三四千米的群山中，属于方山乡。因古时山中开采青田石的“老鼠洞”较多而得名。1956年，山口蜡石矿在此设立老鼠坪工区，由于山道崎岖，运输困难，于1976年12月停采。根头村民历来一直开采。目前开洞者有30多人，采石者50多人，主要开采叶蜡石。老鼠坪的雕刻石，色彩丰富，石质结实少裂，而且光泽好。不过因历来开采规模较小，所以产出雕刻石较

▲ 虎斑青田圆头方章
山口一带

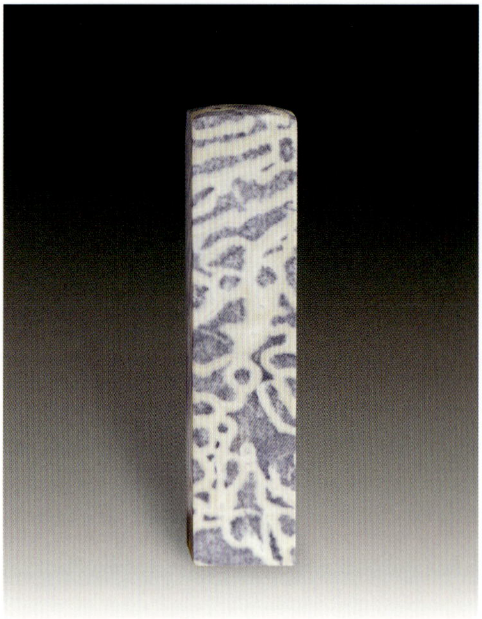

▲ 云彩青田平头方章
坑儿洞、岭头

▲ 头绳络雕龙钮章
山口一带

少，对其石料品类的认识也较缺乏。该矿区所产出的石头和山口其他矿区的颇为相近，此外还产有青白石、黄皮、黄青田、蓝钉、蓝星、蓝带、紫檀花等。另有很多较有特色的石料。

1.老鼠冻

该石产于外条洪的“冻洞峡”，实属罕见。该石色泽清丽，质地较为细腻结实，较透明。而且还常有一层1.5厘米左右厚的层状青色冻石分布在黑色石料上。此外，也偶见有黄、红、白及数色相间的冻石。

2.老鼠白

该石产于底条降一带。其特征是色白纯净，质地细软，不透明。后人也有以“老鼠石”称之。

3.猪肝红

该石产于底条降及山口其他矿区。

该石色调深沉，质地较为纯净光洁。不透明，结实少裂，无明显的斑块花点。

4.红 皮

该石产于老鼠坪及山口各矿区。其特征是有一薄层红色裹在青色石料外面，其表皮一般呈深褐色。石质较为一般。

5.柏子白花

该石产于底条降柏子白洞。有黑色的斑点或斑纹分布在白色的石料上。石质较为细软，不透明。

6.金星青田

金星青田是一种闪烁金星的青田石。石中金星系黄铁矿细粒、晶体，大部分呈块状，少数呈精致的多面体。石色青绿者称为“金星绿”或“金星绿青田”。此外，其他色彩的石料中也时有金星，都统称为“金星青田”。

六 季山石

季山位于乡所在地夏家地西南面3.5千米处，距县城25千米，属北山区双垟乡。因地处山谷，四面环山，居住于此的祖先姓季而得名。以紫色凝灰岩的季山石居多，流纹岩的比较少见。矿区范围广阔，其主要的矿山有周村的龙顶尖，季山的季山头、门前山。其中，以民国时期开采的比较多。据当时的记载，季山头出产红、黄两种雕刻石，黄的质量较佳；门前山多为红色或带有红带花纹的雕刻石，质均不佳；龙顶尖有黄、白两种雕刻石，白的居多，质均佳，且冻石产出较多。新中国建立后，虽然仍有零星开采，但因交通不便，一般规模较小。

▲ 老鼠冻方章

老鼠坪

▲ 青田象牙白雕《弥勒佛》钮章

封门

民国

▲ 葡萄冻自然形

▲ 猪肝红斜头章
山口、何幽一带

▲ 金玉冻钮章

▲ 岩隐雕龙钮章
季山、周村

▲ 金星青田自然形
山口一带

该矿含有丰富的蕴藏量，矿层外露，有些石质甚好。随着交通的日益发达，必将对此矿作进一步地开发和利用。

1.竹叶青

该石多产于周村尖西一带，又称“竹叶冻”。呈青色泛绿，质地温润细洁，通灵明净，石性坚韧。有细小白点隐见于肌理间，多裹生于粗硬紫岩中。其中，以石色质地纯净且块大者极为难得，十分珍贵。抗战以前，在这里有较多的开采，之后矿洞荒废直到坍塌堵塞。近年来，旧洞口及附近又有人进行少量开采。

2.季山夹板冻

该石的特征是有一层厚约一二毫米的平薄青白色的冻石裹在紫岩上。有的夹生于紫岩的缝隙处，表面较为平整，质稍次，多裂，易和另一面紫岩分离。还有的夹生于紫岩中，石质特别细润通灵。

3.周村黄

该石多产于周村尖西。有中黄色的冻石散布于紫檀色石料中，质地较为纯净细腻，光泽特好，以大块者较为难得。

4.红木冻

该石产于周村尖东。红木色，比豆沙冻较红亮。在石料中，多有青白色条状的冻石。质地较为细腻，色调典雅，富有光泽。石料较少，十分名贵。

5.龙眼冻

该石产于季山岩山尖一带，俗称“圆眼冻”。在深紫色石料中，多有桂圆状的青色、淡黄色冻石。石质纯洁无瑕，细润通灵，光洁可爱。

▲ 竹叶青平头、斜头章
封门
明代

▲ 红木冻
周村尖村、旦洪
清代

▲ 周村金玉冻雕人物摆件《长相依》
规格：12×14厘米

▲ **龙蛋雕人物摆件**
周村尖

▲ 竹叶青

▲ 季山夹板雕《春风吹又生》摆件

规格：25×38厘米

▲ 岭头青

▲ 龙蛋雕《玉郎华芝》摆件
规格：25×26厘米

6.豌豆冻

该石为青白色的蚕豆状冻石，底子深黑色。肌理间有白色斑点，实为妙不可言。石质较脆软且多细沙。青田当地的方言称“蚕豆”为“豌豆”，因此得名。

7.葡萄冻

该石多产于季山葡萄墩。有圆形的青白色散布在深紫色的地子上，极似一颗颗葡萄，并因此而得名。

8.岩 卵

该石产于周村尖一带。其形状大似瓜，小如蛋，而且外层有深棕色的薄壳，壳中的块料有黄、青色。独块裹生于紫色硬岩中。质地较为细腻通灵，尤为奇特、珍贵。

七　岭头石

岭头位于县城西北25千米处，属北山区双垟乡。因地处仁村岭的顶部，村又设在岭的顶端因而得名。1981年，将其改称为“岭峰”。岭头山在岭头村的东南方向，盛产叶蜡石和雕刻石。相传早在清代之前此山就已经被开采，民国时期称“寺院址坪石”，目前的开采规模较大。山上主要有山羊洞、南黄洞、水洞、三条洞、耳朵腮洞等数十个矿洞，开采人数达50余人。岭头石上有十分明显的“缯”(如木之纤维)，如果不顺“绺”则不易雕刻，且易崩裂。此外，因含有较多的水分，所以开采出洞后必须遮光避风，慢慢阴干，避免风化，时间越久石性就越稳定。一般的石质都比较粗松，光泽较差。唯独以水洞所产的石头较好，色质俱佳。

1.岭头青

该石呈灰青色，色调灰暗，质感粗燥，石性结实少裂，微沙，欠光泽。

2.岭头白

该石呈白灰色，质地较为粗松不莹，石性韧涩，少裂纹，欠光泽。

3.岭头黄

该石有淡黄、中黄、焦黄等数种颜色，石质较为粗糙结实，多细砂，欠光泽。

4.岭头红

该石赭红偏紫色，石质较为结实软脆，不透明，而且还有细小的深色斑点隐见于肌理内。

▲ 岭头红雕古兽把件
岭头
清末

▲ **岭头三彩雕《灵芝》摆件**

岭头水洞

清代

▲ **岭头黄原石**

岭头

清末

▲ **墨花青田雕钮章**

▲ **岭头青原石**

岭头

清末

▲ **岭头红自然形**

岭头

清末

▲ 岭头紫线随形
岭头
清代

5.何幽石

据古人载："何幽皆猪肝色。"可见，此石是因产地而得名的。该石呈紫灰色，肌理间多含小黑点，质地略为粗糙，石性坚韧，多细砂，欠光泽。

6.墨 青

该石呈黑色偏青灰，而且深浅不一，多达数种。隐见有浅色花点于肌理内，质地较粗，少光泽，产量极高。

7.岭头三彩

该石料的颜色是黑、白、棕3色相间。按其色彩分布，可分为层状与環状两类。而层状的又可分为两种，一种是白、棕两色层分别夹于墨青石料外表上下，白色层约半厘米厚，棕色层则比较薄；另一种是夹有黑、白、黄、红、紫数色层，而且还有明条纹。環状就在椭圆形墨青色的内核外裹一层白色，然后，又有一层深浅不一的棕色条纹裹在

▲ 塘古黄冻雕《仙居寿山》摆件

规格：18×22厘米

白色外面。其中，以水洞所产的质地最为细洁，而其他的为常石，结实不莹，不过色调鲜明，色层规则，极具特色。

8.紫线纹

有数条环形紫色纹现在土黄色的底子上，极似在潭中投入一块石子所激起的层层波纹。质地较为粗实，细砂较多。

八　塘古石

塘古位于县城东南25千米处，属于山口区吴岸乡，地处半山腰的山弯里。此地早年有一口塘，村民均居住于塘边，故取名为“塘浒”。塘浒又称“道居”、“唐古”，今名“塘古”。村旁的后山，是雕刻石的产地。据民国初年载：“塘头岭所产石，土人呼为塘古，其石以全青全黄者为最，青者如封门青，黄者如田黄，而稍见底，性细滑软腻，多光而莹，无硬钉，最宜作印。”近年来，开凿有数十几个矿洞，村民的主要副业皆为采石、锯石片。到此购石的均来自阜山山口一带的人，而且络绎不绝。所产之石，其色彩、质地皆类似于山口一带所产的。冻石中除青冻外，还有白冻、黄冻。

1.塘古白冻

该石呈白色，质地较为细腻莹澈，而且石性脆软，纯洁通灵。常裹生于外层为硬石、里层为黑石的“龟壳”内。以大块的较为难得，极为罕见。

2.塘古黄冻

该石色彩极为丰富，有的如枇杷，有的如橘皮，有的如蒸栗，鲜艳通明，温润妩媚，纯洁无瑕，和寿山田黄石颇为相近，实为难得。

九　武池石

武池位于县城西北30千米处，因其村南的文武庙前有一口池塘，因此而得名。武池原分为上、中、下3堡。雕刻石即产自下堡西南3千米左右的饭甑山上。民国初年冒广生的《疚斋小品三种》载：“武池似寿山而次，有红白两种，红者如朱砂，白者如蜡，唯铁皮色杂不挣，性尚软腻。”武池作为青田石瓯江之左的唯一产地，与江右之石相比，其外观上有很大的不同。多有黑皮于石表，石内则多筋裂，与寿山石十分接近。而石性又与青田石类似，此石可谓是“有寿山之肉，青田之骨”。

1.武池白冻

俗称“冻岩”，色白性灵，质地较为细腻，石性脆软。块大且纯净者较为难得。

2.武池白

该石呈白色略粉，石质较为细腻松软、结实不莹，多细裂。有冻质花纹隐见于肌理间。

3.武池红

深红色，质地细腻。温润、光洁，多有白色花斑冻点隐见于肌理内。

4.武池粉

粉红色，石质细腻光洁，肌理间多含有浅色波纹。

5.武池黑

浓黑色，多红筋，与黑青田相似。

▲ 塘古黄冻原石

塘古

清代

▲ 塘古青冻雕《春光》摆件

规格：22×22厘米

6.武池灰

灰白、灰褐色，质细性脆，肌理间常隐现杂点及黑筋，产量最为丰富。

7.武池花

有花点、花纹之分。一种有如水磨石地面的红底白点花；另一种为如行云流水般的红底花纹，深浅不一，变幻莫测。

十 其他

1.北山白

北山位于县城西南面26.5千米，村西隔溪矗立有一座白色大山崖，与村庄相对，称“玉岩”。后来，人们称之为“白岩”。而盛产叶蜡石和高岭土在其东南山岗上，并有少量的雕刻石。该石呈灰白色，质地较为粗糙，石性坚韧多砂，干蜡无光，属于石中之下品。

2.北山晶

在青田石中，是最透明的一种石头，它是由顽石形成的白、黄色层状冻石。质细性软，在肌理内常有阴暗的灰白色硬钉。大块的较为难得。

3.北山红

该石呈浅紫红色，多有白色花点隐见于肌理间，质地较为粗硬，石性坚实，多细砂，欠光泽。

4.山炮绿

山炮距乡驻地汤垟西南5.4千米左右，属于山口区汤蚌乡，地处海拔800米

▲ 木纹青田

高山背。从汤垟出发，要经过3个山头才能到达此地，因山头鼓起形似泡而得名“山泡”，人们习惯称之为“山炮”。该山所产出的石头色如翡翠，异常艳丽。其特征是有无数的白色麻点隐见于肌理间，质细微冻，性坚脆多裂。以纯净者较为难得。

5.石门绿

因产于夏家地石门头而得名。该石呈灰青绿色。在肌理内，多有隐见的细密白花点，石质较为细润，多细裂。

6.西山青

西山位于方山乡石前之西二三千米处。所产之石主要为灰青色。石质细腻，坚韧，呈微透明，多有黑色麻点隐见于肌理内。因为石质欠佳，所以很少开采此产品作为雕刻用石。

▲ 武池白平头素面章
下堡武池
清代

▲ 翡翠青田雕狮钮章
山炮
民国

▲ **北山晶方章**

北山白岩

▲ 菜花青田圆头素面方章

▲ 蜜黄青田素面方章

禁猪洪

▲ 麻袋冻平头素面方章

茅干湾

明代

▲ 米稀青田方章

山口一带新老矿洞

▲ 墨花青田对章

山口一带

▲ 夹板冻自然形
南光洞
清代或民国时期

▲ 南光青雕钮章
南光洞

▲ 夹板冻圆头章
南光洞
清代或民国时期

青田石

收藏与投资

下篇

Qingtianshi Shoucang Yu Touzi

一般情况下青田石的鉴别主要是指对名贵品种的鉴别。青田石中的名贵品种大多是数百年来人们共同推崇的，也有少数是近年才产出而被公认的。名贵品种主要在石质、石色两方面都异乎寻常。

第一章

青田石的鉴别

一　青田石的鉴别

通常情况下，青田石的鉴别主要是对于青田石名贵品种的鉴别。而青田石中的名贵品种之所以被人们所肯定，一方面是数百年来人们所共同推崇的；另一方面是少数的近些年来所产出被人们所公认的。名贵的品种在石质、石色两方面是其他普通青田石所不能相及的。其石质方面，大多数较为细腻、温润、洁净。而青田石属于叶蜡石矿物，不可能像其他属高岭石、地开石类印石那样透明。所以，青田石中的冻石也只能呈微透明状。同时，青田石脆软相宜，极易着刀，行刀爽利，而其他印石一般较为绵软；石色方面，大多呈现出特有的青色，十分清丽，文静高雅，不仅在非叶蜡石类印石中不可求，即使在同类印石中也较为难得。

在青田石名贵品种中应当首推灯光冻，其次是封门青、蓝花青田、竹叶青、金玉冻、芥菜绿、黄金耀。奇石有龙蛋、夹板冻、封门三彩、紫檀花冻等。青田石以最具独特的面貌，不易与其他印石混淆，而且也是制假难度系数最大的印石。

我国主要用于雕刻的石材——昌化石、巴林石、寿山石、长白石，其皆属高岭石、地开石类。从外观上看，它们多通灵温润，而且富有光泽。独有青田石属于叶蜡石类，其外观上多呈不透明至微透明状，而且富有滑腻感。因此，它们就不易混淆。如用雕刀试之，青田石刀感脆软，而且刀起刀落，石屑飞溅，非常爽利。其他石则刀感韧涩，极易辨别。

可能是青田石名贵品种的身价还不太高，暂且还未引起制假者的兴趣；也可能是青田石的“青色”难以调配，其制假技术还未达到一定的水平。总而言之，目前在市场上，出现假青田石的状况要比假田黄石、假鸡血石泛滥的状况少得多。不过假冒情况也时有发生，所以青田石收藏者也必须时刻警惕，不断提高自己的鉴别能力，避免受到经济损失。下面将择要介绍鉴别技巧：

1.灯光冻

产于青田的山口、封门、旦洪一带的灯光冻最为正宗。该石的主要特点是青色微黄，莹洁如玉，质地较为细腻纯净，呈半透明状。而有一些收藏者不作考证，有的任意杜撰，有的以讹传讹，看见半透明或透明的冻石就称之为“灯光冻”。因此，所谓的“一线灯光”、“北山灯光”、“长白灯光”、“小顺灯光”、“碧绿灯光”、“高丽灯光”等种类也就频频出现在人们的视线中。就如有些人看到黄冻石就称“田黄”，看到红冻石就称“鸡血石”一样，这些都是不正确的。

灯光冻的鉴别主要有两个方面：

一方面，确定它是否属于叶蜡石类。所谓的那些“灯光冻”皆属于高岭石、地开石或滑石类。从外观上，虽然它们都是晶莹透明，但石质上却差距甚大。

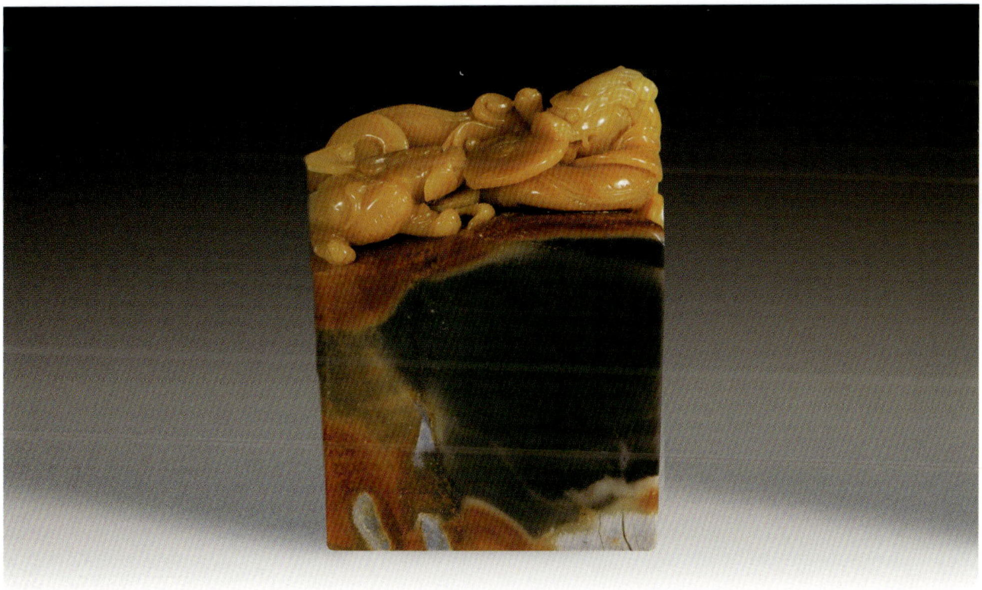

▲ 五彩青田
旦洪
民国

另一方面，仔细观察它的颜色。不可把黄色、白色、绿色甚至黑色的冻石都称之为“灯光冻”。灯光冻虽数量极少而又较为罕见，但是并没有绝产，只是纯净且块大的较为难得。

2.封门冻

该石多产于山口封门矿区，其主要特点是淡青色，质地较为细腻，呈微透明状。近些年来，大部分人把带青色的优质封门石统称为封门青。而实际上，呈青色微黄较透的青田石称为“灯光冻”；青色偏绿的青田石称为“蓝花青田”；而青色稍淡且隐见有极细的线纹于肌理内的为“封门青”。目前市场上，大多数的石商们都选用质细较透，光泽较好的辽宁宽甸石来冒充封门冻。虽然从外观上，两种石头有较为相似的地方，但如果细致观察，宽甸石的色青偏黄绿，且多有浅色的絮纹隐见于肌理内，显得有些浮躁，而且多砂也不易受刀。

3.龙 蛋

俗称“岩卵”，产于周村的一种奇石。该石的主要特征是有一层深褐色的硬石外壳，而且内藏青色或黄色冻石，极为名贵。20世纪80代后期，曾出产过大量的龙蛋石。但到90年代时，该石就已经稀有。近些年来，出现了用深紫色岩层黏拼在青黄色冻石上冒充龙蛋石的。但这类雕刻品外壳深、浅色石间有树脂胶黏合的痕迹，感觉极不自然，而且也不容易在深色石皮层内找到与冻石共生一体的迹象。

青田石雕作品的价值体现在三个方面，分别是历史、名作、珍品。

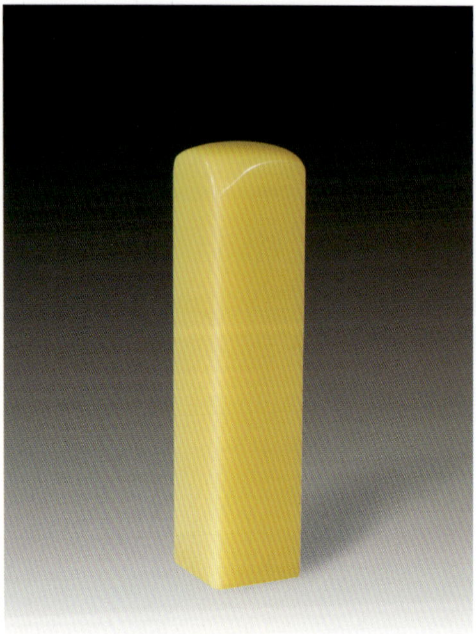

▲ 封门青素面方章
明代

▲ 龙蛋《孕宝》摆件
规格：23×21厘米

▲ 竹叶青印章

封门

明代

▲ 封门冰花雕《泉》摆件

封门各洞

▲ 鱼冻圆头章

山口封门等矿洞，松阳也有出产

明代

▲ 封门冰花斜头章

封门各洞

▲ **酱油青田雕《狮龙如意》把件**

封门

清代

二　青田石雕作品的价值鉴别

1.历史价值

虽然有的石雕作品艺术价值不高，但由于其年代久远，便具有不可取代的历史价值。可根据作品的来历来判断它的年代，如从古建筑上采集到的、古墓中出土的、从某收藏家处传承的等等；也可从作品所用的石料出产的时期来推断，如青田五彩冻产于民国时期，1960年前后盛产封门青，封门三彩多产于20世纪80年代中期，长白石于20世纪80年代中期开始批量进入青田，龙蛋主要产于20世纪80年代后期等等。显而易见，用这些石料所制作的雕刻品，基本上都可以推断出大致产出的年代。

2.名作价值

名作顾名思义就是出自于名家之手的佳作，具有特殊的价值。但因为长期以来，石雕艺人的社会地位并不高，而且大多数作品上都没有署名，因此，石雕名作也就很难断定。直到20世纪50年代，少数著名艺人才在自己的作品上署名。到80年代，很多获得了技术职称、荣誉称号的艺人，才逐渐开始流行署名。

其实，并不是将署名作为鉴别作品唯一的依据。由于有的艺人文化程度较低，就会请人刻制署名，而有的为了营利而自封称号、职称，刻制的署名也多有不属实，甚至有的刻制假的署名，因此必须仔细辨认。

最可靠的就是要对名家的创作状况及艺术风格有所了解。如中国工艺美术大师林如奎较擅长雕刻花卉，尤其以《高粱》著称。在1980年前，都经国内外展览而销售，之后，只有台商购得两件，而其他的则皆属赝品；中国工艺美术大师倪东方自1985年以后的作品，都收藏在自己的“惜石斋”里，至此就很难再购得真品；中国工艺美术大师周百琦的名作，只有一件《春》的作品收藏在青田石雕博物馆内，其余均为仿冒。

对于名家作品，最安全可靠的方法就是请名家本人出具证书或者由当地专家进行鉴定。名家的作品并非件件都是精品和上乘之作，但都出自于名家之手。事实上，虽然有些作品并非出自名家之手，但其作品具有较高的艺术性，同样也值得关注。

3.珍品价值

历来，古人就有对书画作品进行鉴赏和评定的习惯，当今也可以借鉴唐代朱景玄《唐朝名画录》、张怀瓘《画品断》将书画分成妙、能、神3品的做法，并参照长期以来工艺美术界的评定惯例，将石雕作品分为珍、精、能3品：

珍品：采用名贵的石材，其特征：是色彩纯净，花纹奇特，质地较为细润，实属罕见；二是清新意境，内涵丰富，富有情趣；三是奇妙构思，因材施艺，因色取俏；四是精湛工艺，流畅刀法，精致美观，形象生动。

精品：以上四项中欠缺一二项者。

能品：以上四项中仅有一二项者。

玩赏就是人们对于心爱之物，总会情不自禁地用手去抚摸，或置于掌中反复摩挲，通过触觉、视觉使精神上获得很大的满足。因此，玩赏是人类的一种审美行为。

▲ **金玉冻雕《高粱》摆件**

规格：35×50厘米

▲ 官洪石雕《瓜熟蛙趣》摆件

规格：22×45厘米

第二章

青田石的赏玩

中国人特别爱石，其历史较为久远。在原始社会，人们就开始利用玉石制作各种装饰品。至此以后，将玉石及其品格融入到中华民族的精神文化和文学语言中。而其实物作品，园林中的“假山石”，遍布在中华大地上并且随处可见，就像一首首无声的诗歌，一座座抽象的雕塑。雨花石以其天生丽质、奇特花纹，不知让多少人苦苦追求，并为之而倾倒。历代文人雅士中更有“米颠拜石”、“东坡供石”之类的趣闻。通过对石的玩赏，使收藏爱好者不但增长知识，而且还可以陶冶情操。

一　赏石原由

青田石不但是石雕、印雕的基本材料，而其本身所具有独特的材质美，是其他石类所不能相及的。有的质地较为细腻温润，无格无砂，呈微透明状，色彩单一，给人一种纯净、淡雅之美。正因为如此，文学家郁达夫对青田石才有“如深闺稚女，文静娴雅”的比喻。而有的不但花纹奇特，且色彩也是多姿多彩，就如一幅天生的精美图画。倘若观赏者平静地细细品味，就可从欣赏那温润细嫩、晶莹剔透的石质，五光十色、绚丽多彩的石色，千姿百态、难以名状的石纹中，使人们引起无限的遐想，那陶醉的心境，岂是美不胜收所能言尽。

陆游诗曰：“花如解语嫌多事，石不能言最可人”。石头的“可人”之处有：它和玉石相比，其色彩和花纹都较为丰富，可谓更美；它的质地柔而易攻，可谓更近人。“世俗贵玉而贱石，独文人鄙玉而重石”。足见，文人们对既能观赏又能篆刻的印石，具有独特的情怀。

二 巧夺天工

青田石艺术品是人类智慧的结晶。一块青田石虽然具有很美的自然色纹，有一定的审美价值，但还称不上为艺术品。只有经过人们特别是行家里手的雕刻，并且塑造一定的形象，体现一定的题材，表达一定的情感后，才可能成为一件艺术品。而在工艺美术中，常以“巧夺天工”来形容技艺高超、构思奇巧的作品。

石雕、印雕是一种小型或微型的雕刻作品，在创作方法上和一般雕塑是迥然不同的。通常情况下，一般的雕塑都是先构思、构图，再选择相应的材料，并至始至终都是以材料为主导来掌握和支配的；而石雕、印雕却是根据石材来进行构思，具有一定的限制性。发挥独特的艺术构思来创作，从而使石材在艺人手中获得艺术生命，其前提是在于尊重、适应石材特点。因此，必须巧妙利用石材的色、纹、质、形及将石材的某些瑕疵、钉裂等缺点进行艺术处理，才能达到“化腐朽为神奇”的创造能力。

▲ 封门金玉冻雕《赤壁怀古》摆件

规格：43×29厘米

▲ 红花青田雕《红熟千年》摆件
规格：24×17厘米

同时，石雕、印雕作品，无论作为玩赏品还是室内陈设品，不仅要有巧妙的构思，还要具备精湛的工艺技术。石雕中，刀刀都在体现着人类的耐性、灵巧，如惟妙惟肖的刻画，层层叠叠的镂空以及薄如纸片的花瓣，细如发丝的藤须，都充分显示了人类非凡的创造能力。

但是，如果一味追求精雕细琢的作品，就会显得有些小器、匠气。因此必须在构思的前提下，运用高超的技术来创作，如《庄子》曰“大巧若拙”。自古以来，人们就崇尚自然美，尤其是那些能审材度势，因材施艺，妙合天然的作品更是备受人们青睐。

三　耐人寻味

一件青田石工艺作品较为直观的是其表层显露的材质美和工艺美。而它深层所含的意境美才是最理性、最有韵味的。作者将人的情与意融入作品中，并赋予其艺术生命。然后通过形象的刻画巧妙地、委婉含蓄地表达出人们的思想和愿望，使作品具有一定的气质、情趣、韵味等多种内涵，使观赏者赞叹不已。不过，这也需要观赏者的积极参与，用心揣摩，才能使作品中的意境美得以充分展现出来。

如果青田石的观赏者观赏水平低，那就只能看图识字般地对石美工精肤浅地称奇；而水平相当的，就可以充分理解作品的意境美；对于水平高者来说，一块青田印石或一件作品就如一首诗、一个故事，是点燃浓烈情感的火苗，使知识长河的闸门打开。在青田石雕、印雕作品中，具有极丰富的内涵，而且还要通过寓意手法来寄托人们的美好愿望。如以柿与如意构成“事事如意”；用佛手、桃子、石榴意为福、寿、子“三多”；用喜鹊与梅枝意为“喜上眉梢”；用5只蝙蝠捧一寿字意为“五福捧寿”。此外，还有大量取材于神话、传说、故事的形象，如《麻姑献寿》、《刘海戏蟾》、《八仙过海》等。因此，只有具备较高传统文化素养的收藏爱好者才能“读懂”它，并给自己带来美的享受。

第三章

青田石雕技艺鉴赏

一　青田石雕概述

1．最佳印材

明代，篆刻家吴日章认为：“石宜青田，质泽理疏，能以书法行乎期间，不受饰，不碍刀，令人忘刀而见笔者，石之从志也，所以可贵。”

清代，陈茉孝论印诗句曰：“冶金刻玉古时章，花乳青田质最良。”

清代，篆刻家黄易认为：“青田石柔润脱砂，仿秦汉各法、奏刀易于得心应手。

当代，篆刻家娄师白说：“青田石的石质细腻非常，既不太坚硬，又不太脆，随刀刻画，能尽得笔意韵味，所以青田石的石性是最好的。”篆刻家高石农认为：“青田石，石质脆而松，成印的效果很好，如作画用的“上好棉料宣纸”。而寿山石较坚实，腻而不爽，似“风矾宣纸”。昌化石多砂钉，难以受刀，似“拖矾宣纸”。台湾篆刻家王兆岳认为：“青田石清脆，像书香子弟，呈现温文从容与淡雅。”

青田石备受历代篆刻家所青睐，如陈豫钟、陈鸿寿、赵之琛、钱松4家的印章，收录于《西泠后四家印谱》中，在306方石印章中，其中由青田石篆刻而成的就有216方，占总量的70%。

▲ 滑石猪

规格：（左）7.4×1.1×0.9厘米　（右）6×1.7×1.2厘米

东晋

青田石是最早被文人用于篆刻艺术方面的印材。清代的韩锡胙在《滑疑集》中记载："赵子昂始取吾乡灯光石作印，至明代而石印盛行"。所以在明代时，金玉牙印材逐渐被石材所取代。

2．精湛技艺

青田石雕的主要原料是青田石，并汇集千年的制作工艺于一身，在原有的基础上不断创新。因材命题，就势造型，力求封蜡薄匀，依色取俏，使其作品达到细腻神彩，精妙大器，守实尚意的效果。使石佳艺精的青田石雕，成为传世瑰宝。

历千年来，青田石雕经久不衰，代代相传，其主要原因是石雕艺人用凿子、刺条、雕刀、车钻等工具，并巧妙运用浮雕、镂雕、圆雕及线刻等创作手法，把经过多道工序一块块的石头变成一件件精美的工艺品。他们善于利用石料的天然色彩、各种形态、纹理、质地进行精心加工，因材施艺，依色取俏，使作品物象和石料天然达到统一。同时，身怀绝技的艺人们采用多层次镂雕技法，不仅精心刻画出层次丰富的山水，枝藤交错的花卉，图案精致的狮球，而且还创作出玲珑剔透、惟妙惟肖的作品。我国著名的文学家郭沫若参观后都写诗称赞此雕技法："斧凿夺神鬼，人巧胜天然。"也有很多名人参观后纷纷题下："奇石万千"、"点石成金"、"艺湛工神"、"国之瑰宝"、"艺海奇葩"等赞叹语。

目前，已经很难取得青田石，在千吨矿石中，可雕之石只可得数百千克。即使如此，也仍然动摇不了青田石雕高品位艺术风采的基础地位。

青田石雕和其他批量生产的工艺品的不同之处，就是因材施艺。石雕艺人根据青田石各种形态、质地、色彩，再凭借丰富的经验和深厚的艺术素质，对石料加以充分利用，并逐一进行构思创作，取势造型，从而雕刻出独一无二的各种山水、花卉、人物等作品，其收藏价值也极高。

青田石雕的另一显著的特点是依色取俏。根据青田石丰富的天然色彩，石雕艺人进行构思创作，如在人物类中，黑的雕成衣裳，白的雕成脸谱，反之也可；在花卉类中，青、白部分雕成枝叶，红、黄部分雕成花朵等。通过对俏色的巧妙运用，使青田石雕的自然美及工艺美融为一体，形象逼真，绚丽多姿。

青田石雕的多层次镂雕以石雕山水、花卉类最为见长。只有艺人们凭借高超的手工镂雕技艺，才使石雕作品丰富的层次得以体现。经历了这么多年，使这种青田传统的地方技艺得到了很好的继承和发展。青田石雕也因此达到巧夺天工、玲珑剔透、精美绝伦的一种艺术境界。

青田石雕在用料、技艺上与牙雕、

玉雕、木雕等雕刻相比，具有鲜明的特点。因牙雕受材料色彩单一的限制，所以雕刻不出丰富多彩的作品；虽然玉雕材料色彩较为丰富，但质地坚硬，也就很难将丰富的层次镂雕出来；而木雕因材料色彩单一、质地粗脆，仅适用于圆雕及浮雕。而以色彩丰富、脆软相宜的青田石为原料的青田石雕，不但巧取俏色，精雕细镂，在此基础上，再加上历代艺人们毕生的才智，不断地进行探索和创新，所以出现了人们所见到的层次丰富、色彩绚丽、玲珑精致的青田石雕作品，体现了具有形象逼真又深含意境的艺术风格。

青田石雕不但要求从业人员有高超的手上功夫，还要有极为深厚的文化艺术修养。

3. 青田石俏色利用技巧

青田石不但色彩丰富，而且花纹也较为奇特。其主要的石种有夹板纹、夹板冻、封门三彩、金玉冻和龙蛋等。此外，还有千奇百态的奇石，可谓蜚声海内外。过去的艺人对青田石俏色不太重视，其主要原因是当时很少搞创作的艺人，而高水平的艺人只占极少数。那时，绝大部分的青田石都被用来生产批量的规格产品，按尺寸将坯料锯成条条块块，所以俏色也就难留了。改革开放以后，青田石雕打破了定点生产的格局，走上一条家家户户生产的发展道路；并以个体优势彻底改变原来“以销定产”的批量规格产品。至此以后，普通艺人利用俏色的石料生产出不定型的精雕产品，不仅节约了原材料，同时又达到了人人致富的目的。

目前，石雕行业的主流是俏色精雕。在山口镇，俏色精雕成品或半成品随处可见。而现代石雕艺人在石料的处理过程中较为重视因材施艺、以色取俏的技艺，而且他们的作品在全国、全省的工艺美术评比中，屡获佳绩。

▲ 青田工艺师在雕刻

因材施艺、因色取俏是青田石雕技艺的主要特色。在创作中，主要根据青田石丰富的天然色彩进行构思、构图、布局。所以，因材施艺也可以说是因色施艺。创作出好的作品，有的石色模拟自然界的物品；有的利用色彩对比关系；有的利用花纹象形。若再搭配上合适的底座，更显形神兼备，妙趣横生。青田石雕，如在俏色、形态、布局、纹理、意境等方面恰当地处理，就会使青田石雕独特的艺术风格更为显著。正如

▲ 封门青雕《踏遍青山》摆件

规格：23×25厘米

▲ 虎斑青田雕《老桩的梦》摆件

规格：30×33厘米

王朝闻先生参观青田石雕时所题：“艺术与技术互相依赖关系，决定作用仍在艺术构思。”

青田石雕的艺术成就，是历代艺人所创造的结晶。随着时代的发展和人们审美观念不断的提高，所以在继承传统工艺的基础上就要不断地创新。

▲ **紫檀冻雕《人与自然》摆件**

规格：23×24厘米

4．辉煌的成就

青田从事石雕生产和经销的有2万多人。在全县33个乡(镇)中，开发石雕行业的就有十几个乡镇，如鹤城、山口、方山、北山等。1999年，随着青田县石雕市场的不断发展，不但吸引了大量来自全国各地的收藏者和参观者，而且还不断拓展青田石新的雕刻领域，使彩石镶嵌与花岗石园林雕刻艺术也得以发展。如今，石雕工艺年产值约人民币4亿多元，成为青田县的支柱产业之一。

近些年来，先后在北京、香港、广州、宜昌、上海、澳门等地举办青田石雕展销会，而新闻媒体也进行多次宣传，使青田石雕文化得到宏扬发展，也提高了青田石雕的知名度。

如今，艺人创作、生产采用工厂、作坊、个体等多种形式，技术力量日渐雄厚，而且专业队伍迅速扩大。曾有4人获得了“中国工艺美术大师”的称号；1人获得了“浙江省工艺美术大师”的称号；33人获得了“高级工艺美术师”的职称。一批具有独特艺术风格的中青年石雕艺术家正在迅速崛起。他们结合时代气息，选题多样，如花卉、人物、山水、历史故事、神话传说、动物等。在山水类创作中，不仅大胆创新题材，而且还将诗情画意融入山水中，如亭台楼阁，峰峦叠嶂，河流直下，云雾缭绕，炊烟袅袅等，丰富层次，深远意境，巧妙构思，让观者仿佛身临其境，美不胜收。在花卉类创作中，充分利用天然石料的多种色彩，如充满生机的春笋，可感受到春天的气息；沉甸甸的高粱，能看到秋天丰收的喜悦；还有《花好月圆》等。而在人物类创作中，具有突破性的进展，从历史、神话题材到现代题材，从单一人物到群体形象的塑造等。而俏色在人物雕刻中充分地运用，使其形神兼备，栩栩如生。其中，以人物配优美的景观最为见长。

近20年来，石雕艺人人才辈出，老、中、青三代皆倾其才智，精心创作在国家、国际级评选中使青田石雕作品屡次获奖。如1992年，国家邮电部因《高粱》、《春》、《花好月圆》、《丰收》等4件作品，典雅精湛的艺术品位而将其作为特种邮票的图案，所印制的邮票在全世界发行。青田县先后被国家文化部、农业部分别命名为“中国民间艺术之乡”、“中国石雕之乡”。1999年，青田石又被推选为“国石”候选石。

青田石雕不仅仅是国人青睐，早些年间，它就已迈出国门，并得到世界各国的认可。

光绪年间，青田石在美国芝加哥“圣路易博览会”上展销；宣统年间，青田石雕不仅在南京“南洋劝业会”上展销，而且还荣获了银牌奖章。1915年，其在世界“巴拿马太平洋博览会(美国)”上获最高荣誉奖——银牌奖。1956年，曾把青田石雕作为国礼分别赠送给苏联最高苏维埃主席团主席伏罗希洛夫及印度尼西亚总统苏加诺。1972年，美国总统尼克松访华时，特约赶制500只青田石雕“小象”带回美国……

青田石雕不仅记载了祖国的历史文明，而且还体现出青田劳动人民的智慧。

▲ 白垟三彩雕《花好月圆》摆件

▲ 周村夹板冻雕《丹华情侣》摆件

规格：32×53厘米

▲ 封门猪油冻雕《丰收》摆件

规格：18×23厘米

二 青田石雕工具鉴赏

青田石雕的工具，是广大雕刻工匠在长期劳动实践过程中日积月累和发展演变而来的。它一方面根据石雕本身的需要，另一方面汲取了木匠、铜匠等手工工具的长处，逐渐形成了适合自己使用的工具。该工具的特点是：制作简单、使用方便、经济实惠等。

青田石雕的主要工具有4种，分别是凿子、雕刀、车钻、刺条。

1．凿 子

凿子有两种，分别是方口凿和圆口凿。凿口的阔度不等，有半分、一分（0.33毫米）、直至一寸(3.3厘米)。凿子的主要组成部分是凿身和木柄，木柄长约35厘米，上部为蘑菇状，下部为锥状。它主要用于镂空、修光、打坯、铲平及凿坯。

二至三分阔的专用方口凿，俗称“砍凿”，其主要有厚实的凿身，粗短的木柄。它多用于打粗坯，而打坯时，左手握凿，右手拿锤，和木工凿较为相同，利用凿子的冲击力劈削石料，从而确定作品的外部轮廓、大体布局及各个局部的基本形态。

而三分以下的挟口凿，主要用于凿细坯。凿坯时，用右手捏住凿身的上部，然后把挟口凿的下端架在左手大姆指上，并用右肩胛软窝顶住凿柄，利用身躯的扭动力将凿子往前推进或靠臂力与腕力将凿子扭动推进，凿掉石料。

二分以下的挟口凿，因为凿身较细长，所以通常情况下用作镂空。在放洞的基础上，用挟口凿伸入里层进行镂挖，这样才更能突出景物的体积、相互间隔及前后层次，也为精雕细刻创造了良好条件。

三分以上的阔口凿，主要用于铲平修光。在一些作品中，如得需要铲去其景物较大的面和几何形体的块面，通常会选用阔口凿。

由于铲时凿口与石料有大面积的接触，所以“吃”石较多，只能靠手推肩顶，十分吃力。在铲子修光时，为了使其光洁平整，只需将作品表面的刀痕凿迹刨去，因此用力就要小些，一般只用臂力和腕力就足够了。

另外，圆口凿主要用于凿刻墟瓶、人物、动物、花卉的叶面等，以及有一定弧度的石面。而凿口的阔度可根据景物的面积及弧度来选择。

2．雕 刀

雕刀主要有平口刀、圆口刀及斜口刀3大类。雕刀长约25厘米，一般两头细、中间粗，两头分别为刀头与刀口，其长短、粗细、厚薄、阔狭不一；中间部分为刀身，形如纺锭，供捏手用。一般刀口的阔度为二三分，其最小的细如放痧刀。

平口刀的用途是刨、凿及镂，其中以刨为主。在使用方口凿的基础上，用平口刀凿出更小的景物体面，有时也要深入里层，把少量多余的石料镂挖出来，使其得到实体精确、细腻、具体的效果。在进行较小面积的修光时，对景物表面的刨刮，通常选用的是平口刀。

右手捏紧刀，并灵活运刀，左姆指架垫要稳，紧密配合，行刀要流畅、稳定。对细微之处刻画时，更需要用手捏紧雕刀，全神贯注，屏住呼吸，从而使景物表面达到光洁、平整的效果。

圆口刀的用途和圆口凿颇为相似。主要用于雕刻带有弧度面的部分，只是大小不同而已。在人物、动物雕刻中，此刀常用来表现表情、肌肉、形体结构和衣褶的变化等；在花卉雕刻中，则用来雕刻叶面、花瓣及枝丫等。

斜口刀主要是用刀刃刮，用刀尖刻、剔。而且其刮法，尤其是用于山水、花卉等镂空作品中的效果最好。如为表现其形态和实感，就需要把景物的边缘刮薄一些；为使一些景物间形象明确清晰，就要刮薄刮深。为表现其质感，常用刀尖刻线以表现结构，如动物、人物的开眼，花卉的叶筋，鱼虫的鳞片，鸟兽的羽毛，山水的树叶以及各种花纹图案等。此外，斜口刀也常用于作品的修光方面，主要是剔净一些细狭凹陷部位的石屑（俗称“岩屎”），使作品的“凿衔”明显，精致美观。

3. 车 钻

石雕使用的车钻与铜匠使用的车钻大体上相同。车钻的主要组成部分，是钻帽、钻杆、钻绳、钻担、铜管、木榫、钻头。而钻头是可以固定在木榫上，还可以在相应的铜管上装卸使用。钻头有数种大小类型，大的可钻直径达2厘米的洞，而小的细如针尖。

大号的车钻使用时，要用两手按在钻担上，钻身垂直，上下揿动。其主要用于钻大的放空洞。中、小号车钻用于钻较小或细小的洞，这些洞具有放空作用及造型功能，通过放洞可明确景物实体，显示空间层次。使用时，可单手操作，用右手按在钻担中部，同时手指虚夹钻杆，而钻身不需要完全垂直，钻越小，斜度越大，使用越灵便。

使用车钻时，要势稳力匀，使钻头与钻身的大小合适，而且其重心要垂直。旋转时，也不能扭动摇摆，用力方向要一致，并且力度适中，快慢恰当，因势利导。在操作中，提按钻头要及时，避免石粉排不出来而憋钻，还要严格控制洞深，防止损坏雕刻品的景物或层次。

4. 刺 条

石雕中最重的工具是刺条，但使用却极其简单。刺条主要由两部分组成，分别是刺身和手柄，而它的形状也分别有扁形、椭圆形、扁圆形、圆形及扁方形等。长的刺条约25厘米，粗约7毫米，短的则在10厘米以内，而且细如针尖。

一般情况下，用右手捏住刺身轻轻拉锉即可。刺条除了扁形外，腹背上是没有分别的，满身剁有锋利的钢刺。在洞内，使伸入的刺条拉动棱，或锉或锯，以便改造洞形，明确层次，扩大空间，造出结构。

而圆形刺条可产生弧形凹槽，适用于角度较大的景物，交角圆软的地方，如树木的枝丫、座垫上的树根等。

椭圆形刺条结合了大小圆形刺条的特点，可根据需要来选用，转动使用面以调整阔狭。

扁形刺条两面可锉，刃部可锯，适用于角度较小、交角尖狭的地方，如花卉的叶脉、叶子的边缺、竹子的枝叶等。

扁圆形刺条兼具圆、扁形刺条的功用，所以适用于拉锉曲线形图案，如古钱一类的。

扁方形刺条适用于拉锉直线形图案，如窗格一类的。

三　青田石雕的工序鉴赏

青田石雕的工艺流程大致有：选料布局、打坯凿坯、放洞镂雕、精刻修光、配垫装垫、打光上蜡6道工序。通常情况下，一件作品都要由一位艺人自始至终独立完成。

1. 选料布局

一件完整的石雕作品，其石料是最基本的物质基础。如果没有好的石料，即使是再高明的艺人，也难以雕刻出好的作品。因此，选料对石雕起着重要的作用。石雕的选料有两种，分别是按料选料和按题选料。

对石料最基本的选择就是按料选料，主要考虑石料的结实脆软程度。如果选用松散、多裂或质地较差、多硬钉的石料，则很难用于雕刻方面。

对石料的针对性选择就是按题选料。其中，以山水题材的石料的形态突兀多变为佳；人物题材的石料，要求石色纯净文静；而花鸟题材的石料，以绚丽多彩为佳；精雕作品不但要求石料石色丰富，而且其质地也较为优良。此外，还有很多题材对石料的体积具有一定的要求。

▲ 工艺大师在研究雕件

布局就是根据题材，艺人对石料所作的设计。石雕和一般的绘画雕塑相比，也是需确定主题、选择题材、经营位置、刻画形象等。不过，还受到既定物质材料的限制。因此，针对石料的色彩、形态、质地等，从布局开始就要对石雕精心设计，苦心经营，因材施艺。

由于受既定质量标准(包括题材、规格、造型等)的限制，所以普通批量产品的布局，就不可能像机械产品一样千篇一律，但也不允许有很大差别，离样品太远。总的来说，其布局较为简单。而精雕作品则要求有别出心裁、别开生面的布局。所以，石雕作品的布局，对石雕作品的成败及艺术价值高低有着重要的影响。

2. 打坯凿坯

雕刻作品首先就是打坯，对作品的外部轮廓，使用打坯凿进行大刀阔斧地劈削。对于景物的大块面，就要用最简炼、概括的手法，将构思变成视觉形象。在打坯中，还要注意强调整体观念。艺人有所谓的“四从”说法，即“从整体到局部，从大到小，从主到次，从表到里”。

打坯时，首先要着手这些有关整体效果的地方。“从大到小”，即在一件作品中，首先要先定位体积(或面积)较大的景物，而其他部分也就比较好安排；“从主到次”，即在很多作品中，有些体积不大的“眼”，如花卉中的花，人物中的头脸等，就要先把其位置、大小确定下来，然后，以此为基准生发开去；而“从表到里”，即先要把作品欣赏的第一层次处理好，再进行深入的刻画，使作品层次较为丰富，跌宕起伏。

凿坯就是用阔凿凿出景物较小的分面，其中，也有一些小作品不用打坯而直接用阔凿凿坯。无论凿坯还是打坯都要留有一定的余地，以备必要时进行修改和调整，但又不能使其显得太臃肿，要尽量与实体接近。对此，艺人有这样的经验之谈：“打坯不留料，雕刻无依靠。打坯打彻底，雕刻省力气”。

3. 放洞镂雕

在石雕雕刻中，最重要的一道工序就是放洞镂雕。它不但花费时间最多，而且技艺也是最为复杂。雕刻过程中，就是不断将多余的石料剔除，并逐步显现出景物实体的过程。主要靠打坯凿坯凿除作品实体外层多余的部分；而实体本身的空间及里层丰富的层次，则只有靠放洞镂雕才能得以实现。

放洞主要是为了给镂雕创造更好的条件。恰当的放洞可以使作品形态确切，疏密得体，玲珑剔透，层次丰富，精巧耐看。一般情况下，放洞都是在景物本身的间隔和景物之间的间隔处进行的。

镂雕是放洞的继续和深入。在石料上，放洞留下了无数大大小小的规则圆洞，而镂雕就是将圆洞改造成实体之外的形态多变的空间。使空间与实体相互依存，空间越具体，实体越显露。让必要的空间镂雕出来，有人将此过程概括为“运用减法，求得实体”。

4. 精刻修光

精刻修光是石雕雕刻中的最后一关。其中，精刻是对石雕作品的细部进行深入刻画，而修光则是对作品的外貌加以修饰，使其显得更生动、更传神、更美观。

精刻是雕刻师着重对景物的细微处和传神点进行刻画。如通过刻画嘴角、眼睛，以达到深刻表现人物丰富的内心世界的艺术效果；而细镂飞檐、窗花，以表现优美秀丽的山水；精雕花瓣、叶筋、藤须，表现出花卉蓬勃的生机。

修光是为了使作品显得更加简洁、可爱，并抹去作品上不必要的刀痕凿迹。不过，修光是要“光”得得体，而不是追求一味地“光”。修光时，首先要以结构和质感为出发点，并强调“刀触”，而不能把体面交界线都刮得圆浑，含糊不清，否则会使景物显得软弱无力。而在实际的操作过程中，有些艺人保持岩石的表面斑斑点点的刀痕凿迹，使其更能表现硬、糙的质感。修光时，因刀触共存于作品中，所以必须十分讲究。并使刀触的方向和景物结构、生长规律、运动气势相协调一致。而且刀触的轻重、缓急、刚柔也要以景物的质感及作品的情调为出发点。修光的程序和雕刻是相反的，它所遵循的是“从里到外”原则。

5. 配垫装垫

一般石雕作品的主要组成部分是上身和座垫。其中以上身为主体，而座垫主要是用来衬托、充实、补充主体，是作品的有机组成部分，而且两者缺一不可。要根据主体来设计座垫，尽量使其做到内容充实，色调稳重，形式协调，繁简适度，大小相称，弥补缺陷。

而石质垫主要有云垫、水波垫、岩头垫、几何形垫、莲花垫、树根垫等几种造型。山水作品通常用一般的岩头垫；而水生动植物作品则用水波垫和岩头垫；花鸟作品采用的是树根垫；人物、炉瓶作品采用的是几何形垫；而云垫、莲花垫用于佛像、神仙作品。木质垫主要有两种，分别是造型垫和自然垫。

近年来，绝大部分采用的是盘根错节的老树桩作垫，这样不仅大大减轻了作品的重量，而且又显得生动自然。

通常，座垫色调以深色为宜，显得稳重；也有浅色的，则突出的是柔和、活泼，以小品居多。一般情况下，不要把座垫做得太繁琐、太精细，如果都太精细，则会缺少节奏与对比；如果以精细的座垫来弥补上身的不足，则会舍本逐末，因此要繁简适度。

一件作品存在不足之处是在所难免的，而配座垫也可作为弥补上身欠缺的一种手段。如有些作品的主体内容不够充实，就可在座垫上增添景物。若以花卉为主体的作品，则可在座垫上雕刻两只小鸟与之相呼应。如作品的主体不平衡，则可以增加一些体积在座垫某部位使其构图完整。但此类座垫所起的衬托作用是使上身与下身结合得更加紧密，使其更具有艺术性，而不是被动的。

装垫时，如大型作品及高档作品往往都要用木螺丝固定，稍小的用竹钉，而小件的则是上蜡时用蜡黏合。

6．打光上蜡

给石雕作品打光上蜡，可以使其表面更加光洁、明亮，充分显现出材质美和色彩美，更能突出作品的艳丽、高雅，并便于陈设。

打光所用的材料主要有粒度80～120号的砂布、280～1000号的水砂纸及糠灰、打光粉(金刚砂粉末)、打光油等。打光所遵循的原则是“由粗到细”，“循序渐进”。首先要用砂布打磨一遍；然后，用各号水砂纸磨揩作品表面，用小毛刷或竹签裹软布蘸糠灰磨揩，对作品的精细部分进行处理；最后，用软布蘸打光粉、打光油对作品反复揩拭，使其耐看、光亮，不易脱落，形成真包浆，俗称“硬光”。

打光时，要保护好景物的体面交界线，反之会使景物的体面变得转折模糊、结构不清、立体感差。同时，还要根据需要区别对待。通常在作品的较大面积平面、球面上，对其主要部位要反复磨揩，使其光亮可鉴，而有些部位也可以少打光或不打光，求得作品光亮度上的某些变化和特定效果。

如石章的打光，首先要把所用的材料砂布或水砂纸平贴在玻璃上。然后，把石章紧按其上并磨揩，否则很难平整挺括。最后，把石章放在手上用1000号水砂纸及打光粉、打光油揩拭，即可达到十分光洁的效果。

在上蜡前，首先把作品除去一切灰尘、汗迹，并刷洗干净再揩干，然后置于火盆上烤热。加温时，要均匀、缓慢，以防爆裂。先将作品烤至100摄氏度左右，再在其上均匀地涂刷上黄蜡，使它渗透到表面的每一细部。然后，慢慢冷却，在还能感觉有余热之时，再轻轻用细麻布揩擦，使作品表面留一层很薄的黄蜡。千万不要把黄蜡堆积在作品表面上，否则会显得庸俗不堪。

青田石雕有两种表现手法，分别是形式和风格。从形式上又可分为镂雕、线刻、浮雕、圆雕、镶嵌数种，其中最为常见的有圆雕和镂雕，以镂雕最具特色；从风格上，又分可分为两种，即写实和写意，而写实最为基本。

圆雕作品的特点是：造型较为简单，可从四面观赏，不追求丰富的层次。而圆雕技法应用范围广泛，如石雕人物、动物、炉瓶、印钮等作品。

圆雕又称“立体雕”，其构图较单一，而且很少以配景来衬托、遮掩。所以，在设计中对主体的动态要特别讲究，如，有的作品要刻划多个动物、人物，就需更加精心处理其疏密、高低、大小、方向等之间的关系，从立体的角度反复推敲。

四　青田石雕的表现手法鉴赏

1.圆雕

(1) 仿古印钮

仿古印钮主要有仿古代印钮造型和

▲ 黄果雕兽钮图章

仿古代典籍中所述的瑞兽造型。

中国古代的印章大部分都有以装饰、实用、标志为主要功能的钮。而印上有钮便于执掌使用，钮中有一穿孔可系绶便于佩带。而且从印钮的造型来看，由简单的直柄、鼻钮逐渐演变为生动的龟、螭钮，也是一个从实用到追求实用性与装饰性相结合的演变过程。将印钮造型样式与印章的材质、印绶的长度、色彩结合起来，严格规定印制，则用以显示佩印者的身份和职位。

古代印钮的样式有3种，分别是器具、建筑物及动物，而且造型都是采用圆雕。器具类有泉钮、鼻钮、瓦钮、环钮、直钮、提梁钮、覆斗钮；建筑物类有桥钮、台钮、坛钮、亭钮；动物类有凤钮、龙钮、龟钮、螭钮、马钮、驼钮、虎钮、蛇钮等。

民间石雕艺人一边沿着古印钮式的创作思路继续探索，一边为文人大量制作篆刻用印章。因此，以动物为题材的印钮，并采用圆雕手法就随之出现。在清代，艺人根据《山海经》、《尔雅》等古籍及宗教典故上描述的神兽、瑞兽形象创制了许多动物印钮，虽然这些动物名字生僻，造型怪异，多属想像，如“龙生九子”、“二十八宿”等。龙生九子分别为：赑屃，好负重，为碑碣石趺；椒图，有人出入，常作门饰；饕餮，贪吃，主于器皿，诸如此类等等。

仿古印钮在技法上有3个方面的要求，分别是概括、变形、整体。

印章因体量的限制，所以不适合刻划复杂的内容，而做到主次有别，刚柔相济，繁简相宜即可。大多数的印章形状较小，所以必须在有限的形体内进行雕刻，以变形而适形。印章有的供篆

▲ 青白石青田雕《天下雄狮》钮章

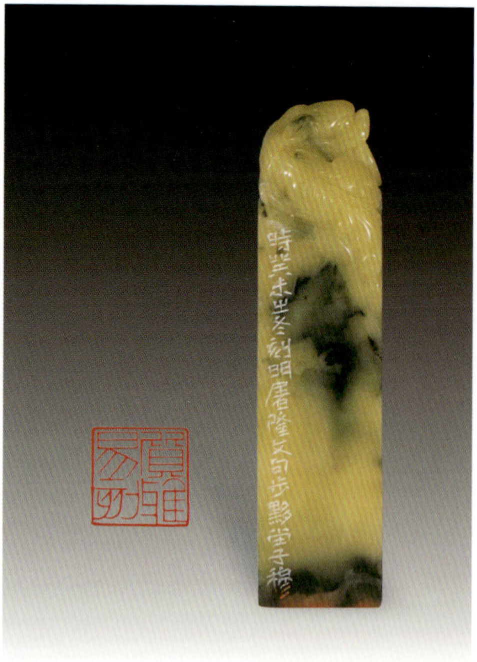

▲ 墨花青田雕《质雅易》刻兽钮章

▲ 葡萄冻雕狮钮章

刻，有的供玩赏，还要求其形体简洁、浑朴，刀法圆顺、流畅。仿古印钮之所以经久不衰，是因为其形象诡秘，而且造型沉雄，寓意吉祥，古意盎然，并赋予其艺术生命。

（2）新式印雕

一般仿古印钮都位于印章顶部，而且造型较为程序化，在艺术上既有成熟的一面，又有制约的一面。新式印雕相对于古代印钮雕刻的题材及部位上都有所突破。而印雕也有多种形式，在此仅对其圆雕部分作些论述。

首先，在制作观念上，新式印钮不受实用性的束缚，而将其作为一件独立的小型艺术品进行创作。篆刻家也是抱着同样的心态来进行创作的。因此，印雕作品才有可能具有较高的艺术品位。其次，雕刻部位的随意性，不但开阔了作者的创作思路，扩大了艺术空间，并因材施艺，对其进行整体造型设计或局部巧妙雕刻，从而创作出各种样式的艺术品。再次，题材范围较为广泛，使印雕更加丰富多彩，如人物、瓜果、动物均可成为刻画对象。

在这里所要强调的是，在突破传统的同时，还须尊重传统。因为印章是雕刻的载体，其先前的特点是小型、简洁、浑厚，避免过于琐碎、纤巧，而变成小型的石雕作品。印章一旦丧失了这一赖以发展的根基，就失去了这门艺术的独特个性，印章也就没有存在的必要了。

2. 镂 雕

在青田石雕技艺中，最具有特色的是镂雕，且多应用于花卉、山水等作品。镂雕大体可有3种，分别是单面镂雕、透空镂雕及立体镂雕。

大多数的青田石雕作品的特点是呈前后狭、左右阔的扁形，因仅供单面观赏，就只对正面精雕细刻，对背面则略而不刻。这样不仅省工省料，而且便于艺术处理，也符合人们欣赏的习惯。艺人将作品正面的景物雕刻得玲珑剔透，层次丰富，而将背部刻成屏风或刻成高山、岩石，正好成为前景“体身”的依托。此类代表作品有书夹、石雕插屏、花山、普通山水、葡萄山等。有些大型作品，由于场面大、景物多，因此也采用单面镂雕法对其进行巧妙的处理，如《越王射潮》、《西湖全景》等。

透空镂雕即在“体身”上镂出一些大洞，使其变成太湖石的样子。这样，不但便于镂雕，使层次丰富，而且又能使作品更富有立体感，给人以“透气”感，透过景物、穿过“体身”而感受到纵深空间的存在。

立体镂雕的作品，就是把整片“体身”化成局部存在的树桩、岩石。尽管这些树桩、岩石具有“体身”的功能，但其本身就具有完整性，所以也成为作品中必不可少的有机组成部分。虽然，对这类作品欣赏有主次之分，但是对四面仍要精心雕刻，从每一个面都能让人们感受到不同的美感。

3. 浮 雕

浮雕根据景物“立体度”的强弱，可分为薄浮雕、浅浮雕和高浮雕3种。高浮雕多用于一些有色层而厚度不足、质佳的石料上或炉瓶身上的装饰。花纹奇特而料薄、绚丽的石料则要采用浅浮雕手法雕刻成精巧的插屏。薄浮雕又称薄意，主要用于石章的印身雕刻，现代

▲ 红花青田雕《赤艳耀华》摆件
规格：14×32厘米

▲ 封门金玉冻雕《鲤鱼变龙》摆件
规格：17×25厘米

▲ 封门红花雕《满堂红》摆件
规格：31×50厘米

著名篆刻家邓散木曾说：“薄意之者，薄刻而具有画意之谓。”

浮雕所讲究的是从高到浅再到薄，使三度空间的雕塑感越来越弱，而二度空间的绘画意味却越来越浓。特别是薄浮雕，无论从题材还是到构图，都体现出中国画浓厚的气韵。浮雕景物具有十分微妙的立体感，有的凹凸相差极小，十分精细。此外，艺人们还常依色取俏，使其更能突出景物的生动。浮雕首先把面部削刮平整，然后用斜口刀尖把布局后景物的轮廓勾勒出来，再用平口刀削刮石面的空余处，用刀浅刻以突出景物的结构、层次。

近年来，青田大批生产彩石浮雕片，主要供外地镶嵌厂用，并按厂方设计的图稿，锯形、浮雕、取料、打光而成。

（1）薄浮雕（薄意）

薄意因雕刻层次浅薄且富有画意而得名，是施于印体的一种薄浮雕艺术。它是中国印章艺术进入石章时代后，由印雕艺术家突破传统印钮模式，并进行大胆创新，用浮雕技法在印体部位创造出来的一种全新的印章装饰艺术。薄意艺术吸收了古老玉雕艺术中的浅雕、竹刻艺术中的留青和薄地阳文等技法，而且还以画为稿，并通过流利的刀法，细腻地刻画，使一种色调和谐隐现在印体上，不但可以领略石质自然文彩，又可以欣赏雕工精巧的优美画图，其飘逸、淡雅的格调十分符合文人的审美情趣，自然深得文人雅士的赞赏。

薄意雕刻，要根据印石的质、色、纹、裂、钉等设计题材及构图，在石上画出白描稿之后，用刀尖沿墨线勾勒出来，然后铲刮平正画面的空白部分，使景物微凸，最后再精心刻画修饰景物。

（2）低浮雕

低浮雕的雕刻深度就是指景物的“浮起”感介于薄意与高浮雕之间。它兼有绘画意味和立体感的艺术形式。

（3）高浮雕

高浮雕不仅是在平面上使景物“浮起”的一种雕刻手法，而且也是介于圆雕和绘画之间的一种艺术形式。

对于浮雕的薄、低、高难以有一个具体的标准，只能凭感觉区分，看它们是立体、薄意的还是介于两者之间的。从实践中可以了解到，大多数作品都是根据表现题材并施用几种技法，不过也有一件作品只用一种技法。尽管三者雕塑的立体感逐步增强，其绘画的平面意味逐步淡化，但仍不失有严整的平面感；它们的体积感是绘画的视觉量，而不是雕塑的实体感；都注重表达、追求线的节奏和韵律；都以凹代凸，巧用光影，并具有一定的装饰性。

如果能选用有色皮、色层的印石进

▲ 封门黄皮冻石雕《咏梅》摆件
规格：38×55厘米

▲ 黄金耀薄意把件
封门、南光洞
明代。20世纪90年代也有出产

行浮雕创作，则会更加醒目。如青田石中的夹板纹、黄皮、巴林黄皮、夹板冻等，有一层青色、黄色、褐色的石表，和底色的相差很大，浮雕刻成后，其画面清晰，十分雅致。

4. 平 刻

平刻就是在平滑的印体表面雕刻图画、书法的一种技法。它和浮雕的区别表现在3个方面：其一，平刻追求绘画效果，浮雕具有雕塑的立体感；其二，平刻利用印体表面，可以不刻或不用刮平底子，而以平整底子为依托的浮雕，则将景物“浮起”；其三，平刻以阴刻为主，通过刀刻的线、面、点表现景物，而浮雕并以阳刻为主，通过光影塑造景物。为了增强平刻的书画效果，通常会选用单色印石，并在作品上着上金、银粉及赭石、花青、石绿等颜色。平刻根据运刀方法的不同，可分为线刻、点刻及微刻3种。

(1) 线 刻

线刻就是在石雕上用刀代笔刻画出来的阴线。比如人物的服饰、须发图案；动物的鳞片、皮毛；花卉的叶筋；山水的屋宇瓦楞；炉瓶、印盒上的装饰图案等，都采用的是线刻技法。而且大多数的线刻都是在作品完成前进行的，也有的是在作品打光上蜡以后再刻线，并在线中嵌入白粉(此法俗称“白道”)，使其达到鲜明、醒目的效果。

线刻手法有3种，分别是白描刻、素描刻、书刻。一般白描刻，运用刀刻阴线勾勒景物轮廓，并追求图画的白描效果，或是用刀刻出底子，使留出白描线条的白描阳刻；素描刻主要以密集、交

▲ **翡翠青田雕润摆件**
规格：32×33厘米

叉的刻线来表现景物的立体感，力求西方画的素描效果；而传统书刻则广泛应用于建筑物的额匾、摩崖石刻、碑刻、楹联等方面，也是一种雕刻与书法相结合的艺术。历年来，很多篆刻家都在一直努力拓展“边款”领域，有的刻制生动的画图，有的刻制精美的文字，使其留下了许多宝贵的印雕作品。除此之外，在线刻基础上，还采用线面结合，阴阳并用，表现版画等多种绘画效果。

线刻多采用单刀法，不重复、不修改，如中国画中的白描，就十分讲究其线条美。线刻时，直线要刚劲挺拔，曲线就要圆转流畅，而且运刀不浮不滞，且能够收放自如。因此，对雕刻艺人的绘画修养和运刀技巧有一定的要求。

（2）点 刻

在惠安石雕中，有一种影雕，俗称錾乌白。就是用点来表现画面的，其主要以刀尖在石面上刻出细点来表现明暗关系、景物的色调，给人一种文雅、精细的美感，和摄影作品影调的效果颇为相似。

（3）微 刻

微刻技法历史较为久远，早在商周时，曾出土的一指甲盖大的骨片上就刻有30余字。而且微刻技术极其玄妙，不仅可把唐诗刻在头发丝上，还可把百位世界名人头像刻在象牙米上。据说，有的人是全凭意念雕刻的。在印雕中汲取微刻技法，制作出的作品十分精美。

虽然印章小，但石雕艺人充分运用各种微雕技法，施展艺术才华，创造出独特的小型雕刻艺术品。微雕艺术和篆刻艺术一样，同样可以称为中华印章艺苑中的奇葩。

▲ 金玉冻雕狮钮章
南光洞、封门、旦洪

▲ 黄金条《石魂》斜头方章

▲ 白垟三彩雕双燕自然形
白垟
清代

5. 镶 嵌

青田曾经试产过一种镶嵌产品。它是以石雕(浮雕片)为主体，并将石雕件镶嵌于木质的挂屏、屏风上，不过，现在已发展成为一种独立的工艺品种了。

石雕中所用的镶嵌手法有两种，分别是石嵌石和玻璃制品嵌石。大多数是用来表现动物的眼睛，起到“画龙点睛”的作用。如在金鱼、狮球作品中，通常先用车钻在眼睛的眼球部位钻洞，然后嵌入黑色石料作为眼珠；还有一些更精细的作品就是于白色石料中，嵌入黑色石料，使眼球黑白分明；而有的则把玻璃眼(一种特制的工艺配件)嵌入，使动物更加形象逼真，生动活泼。不过这种方法不宜滥用，以免显得俗气。

6. 写 实

青田石雕艺术作为社会文化中的重要组成部分，从某种意义上说，它的出现和发展也是社会政治、经济、意识形态及时代的风尚、人们审美观念的一种反映。

在中国漫长的封建社会里，青田石雕所涉及的内容，多反映地主阶级的思想意识，如迷信思想、封建等级观念等；而另一方面，也有反映生活在社会底层的劳动人民的生活、理想的内容，如优美的民间故事，现实生活中的渔夫、书生、樵夫、农夫等。与之相适应的时代审美观也随之出现，如“应物象形，随类赋彩”、“以形写神”，要求作品“惟妙惟肖、栩栩如生”，这就是青田石雕写实的基本风格。

青田石雕大部分的作品都追求形似、色相。而在刻画景物时，尽可能按照其真实面貌，如生长状况、动态表情、结构比例，直至鱼类鳞片、植物叶筋、鸟禽羽毛、人物须发等都要一一摩写。而同时，为使作品达到生动逼真的艺术效果，还要充分利用天然俏色去模拟近似景物的色彩。

7. 写 意

除了写实外，在青田石雕艺术作品中，也有不乏写意之作。艺人们常会采用夸张、装饰、变形等手法，创作出别具一格的作品。此类作品的艺术渊源有两个方面，分别是古代和民间。

我国古文化历史较为久远。战国时，青铜器精巧实用；秦代，陶俑造型洗炼；汉代，石刻深沉雄大。从古文化中，青田石雕不断汲取养分，从石雕炉瓶的造型到印钮的装饰。尤其像凤、龙这些象征性、理想化的形象，在青田石雕艺术发展长河中经久不衰。

在民间艺术中，也有很多作品造型简炼，风格浑厚，注重“神似”，不求真实的细节。对此，青田石雕艺人们更是兼收并蓄。如青田石雕中的精美作品《九老》，人物身材只有3个头高，其头部刻画得十分细腻，而且表情丰富，而身体却表现得极度概括；《狮球》上的狮子形象温顺可爱，而且泥塑味道甚浓；有许多的石雕小动物，虽然只有寥寥数刀，就能清晰地刻划出憨厚的小象、高傲的公鸡、威武的狮子、调皮的猴子等，具有很浓的民间玩具气息；还有些极似树桩石雕座垫，似如蛟龙，其木雕韵味也很强。

作为一种独特的工艺品种的青田石雕，它和玉雕、牙雕、木雕相比较，在技艺上，具有十分鲜明的艺术特色。玉

▲封门黄金耀雕《寿比南山》摆件
规格：35×45厘米

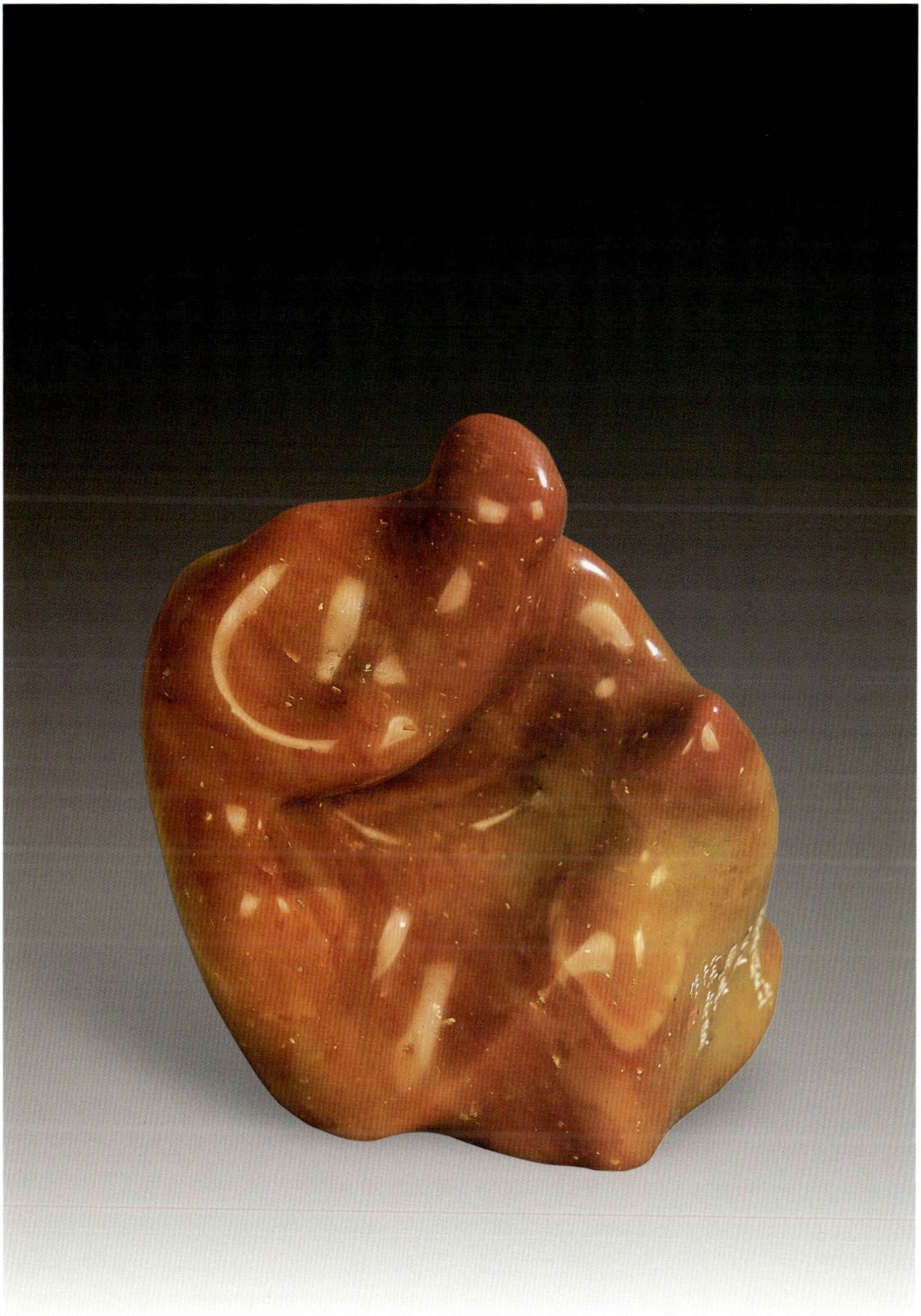

▲红花青田雕《夜读春秋》摆件

规格：10×10厘米

料质地高雅，而且色彩较为丰富，可因色取俏，如果质地坚硬，就很难镂雕出丰富的层次；象牙的质地细韧，宜于精材雕细镂，但其色调单一，料材局限；木材质地粗脆，色调单一，适用于圆雕、浮雕类艺术作品的雕刻。而青田石雕色彩丰富，可取俏色，脆软相宜，又可精刻镂雕，兼备以上各种材料的优点。虽然作品的艺术价值并不能由这些不同性能的雕刻物质材料所决定，但其对技艺特色的形成影响较为深远。

此外，在石雕工艺中，即使是相同的物质材料，也会因地域的不同其地方特色也不尽相同。如福建寿山石雕一直以薄意、圆雕见长。新中国成立后，才“发展了透雕、镂空雕和镶嵌等新技法”。

青田石雕的技艺特色是：层次丰富、因材施艺、形象逼真、镂雕精细。

五 青田石雕的技艺特色

1. 因材施艺 形象逼真

世界上根本没有两片完全相同的树叶，所以也就更没有两块形状、质地、色彩完全相同的青田石。面对千姿百态的石料，石雕艺人们必须运用自身的雕刻技艺和艺术素养，通过对石料充分的利用和巧妙的改造，才能创作出精美的青田石雕工艺品。而这种利用和改造可概括为3种方法，分别是：取势造型、依质布局、因色取俏。

（1）取势造型

完全根照石料的自然形态进行构思、构图即为取势造型。其主要着眼于巧妙利用石料的原生形态，尽量不要进行过多的人为改造。这样尽可能对石料充分利用，而又可以受到启迪，并创造出更加新颖别致的青田石雕艺术作品。很多时候，就是在“取势”中，人们孕育出许多巧妙的构思，如同给名山中奇峰异石命名一样。如浙南名山——雁荡山上有“展旗峰”、“老猴披衣”、“美女梳妆”、“合掌峰”、“犀牛望月”，“老侩迎客”……这些生动美妙的景名，都是人们智慧与灵感的结晶。而在“取势构思”过程中，酝酿并确立作品的构图，必须从各具形态的石料外形轮廓中概括出多角形、圆柱形、方形、菱形、三角形、长方形、扇形等几种简单的几何图形，利用各种类型使构图又会给人带来严肃、开阔、惊险、挺拔、稳定、静止、活跃、运动等不同的感觉。所以，在雕刻作品时，必须根据作品的整体效果、基本结构作出合理的构思安排。

（2）依质布局

根据石料质地进行构图，扬长避短即所谓的依质布局。其主要考虑的是冻石(不是俏色冻)、裂纹、硬钉。艺人对石料上难以奏刀的硬钉，通常用3种方法进行处理，就是“去、避、用”。而对处于石料表层或边缘不影响作品实体的硬钉，通常采用的是凿钉把它挖去；但对于不能挖去的硬钉，则在构图时就要考虑将其避开。最妙的是“用”，有的艺人把硬钉凿成假山、岩石，具有很强的质感，有的则把大块的蓝色硬钉(即“蓝钉”石)凿打成矗立的高峰、嶙峋的岩石，而把夹生在“蓝钉”中的冻石雕成树木、亭榭或

▲ 封门金玉冻雕《金玉满堂》摆件

规格：22×29厘米

花卉，使作品具有较高的艺术性。而更多采用的是“化”法，除去石料上的一些裂纹。

把裂纹雕成景物的边线或云、花纹、水、图案等，并将其隐没于其中。

（3）因色取俏

根据石料的天然色彩进行构思和构图即所谓的因色取俏。青田石的天然色彩极为丰富，所以青田石雕的因材施艺主要是因“色”施艺。对石色的利用可分为模拟、对比、渲染3种方式。

有的根据石色设计，雕刻成类似色的景物，如红色的花、辣椒、红旗；黄色的春笋、枇杷；白色的冰凌；黑色的松鼠等等。如石雕名作《谷子》、《高粱》，都是通过对青白色石料上的红色或黄色的巧妙利用，将青白石雕成叶、干，将红石雕成高粱穗，将黄石雕成谷穗，不但形象逼真，而且感觉自然。有的不追求类似的色彩，而是强调色彩的对比效果，如将深紫檀色、黑色石料雕成花叶、荷叶，并把白石雕成荷花、绣球花，显得十分淡雅、明亮。石雕名作《葡萄山》就是运用这种方法才使所雕葡萄晶莹透亮，惹人喜爱，这类作品富有较浓的中国彩墨画韵味。有的石料色彩较为单一，不过如果利用得好也可以渲染基调，制造氛围，达到“俏色”的效果。如作品《千里雄风》就是一件成功的作品，它由红色石料雕刻而成，既有枣红马、红脸关公作依据，而又与作品的人物性格、情调相吻合。另外，既对俏色充分地利用，又要防杂。为了突出俏色的“巧”，对不能利用的俏色要剔除。对石料上的俏色，出发点在于构思、构图，因此要考虑疏密、大胆取舍、充分利用、分清主次，切忌被俏色牵着鼻子走，那样不仅使作品显得松散杂乱，而且还对艺术效果也有一定的影响。

在作品构思、布局过程中，对其可能产生影响的是石料的形态、质地、色彩，而影响的大小却因石而异，因人而异，因此所产生出的石雕作品自然也就各具面目、千变万化。

2．镂雕精细　层次丰富

青田石雕技艺的一大特色是：镂雕精细，层次丰富，在石雕山水、花卉作品中体现得更为突出。石雕作品，不但需要精细的镂雕，又要依靠高超的镂雕技艺，但其丰富的层次又依赖于精细的镂雕。这种技艺主要有放洞镂空和带筋化筋两种：

（1）放洞镂空

通常情况下，放洞是镂空的基础。因此艺人对放洞的技巧——洞法十分讲究。虽然放洞兼具镂空、造型两种功能，但按其侧重点的不同，放洞又可以划分为放空洞和造型洞两类。

放空洞又可分为3种，分别是间隔洞、背洞、底洞。在景物本身或景物之间有较大空隙的地方即为间隔洞，或者是景物与体身之间，以从上往下的洞向及侧面洞居多；背洞即作品背面放的洞，大多数洞道浅、洞口大，便于镂雕，同时又不会损坏景物实体；从作品底部往上放的洞即为底洞，如炉瓶作品底部放的洞，不但便于将炉瓶内部雕空，使其重量减轻，还有山水作品底部放的洞，便于镂雕某些建筑物。另外，放了底洞还需要用石料“补底”，有的设计景物“遮底”，这样才不会使洞口显露而“漏底”。

造型洞有4种，分别是点洞、带路

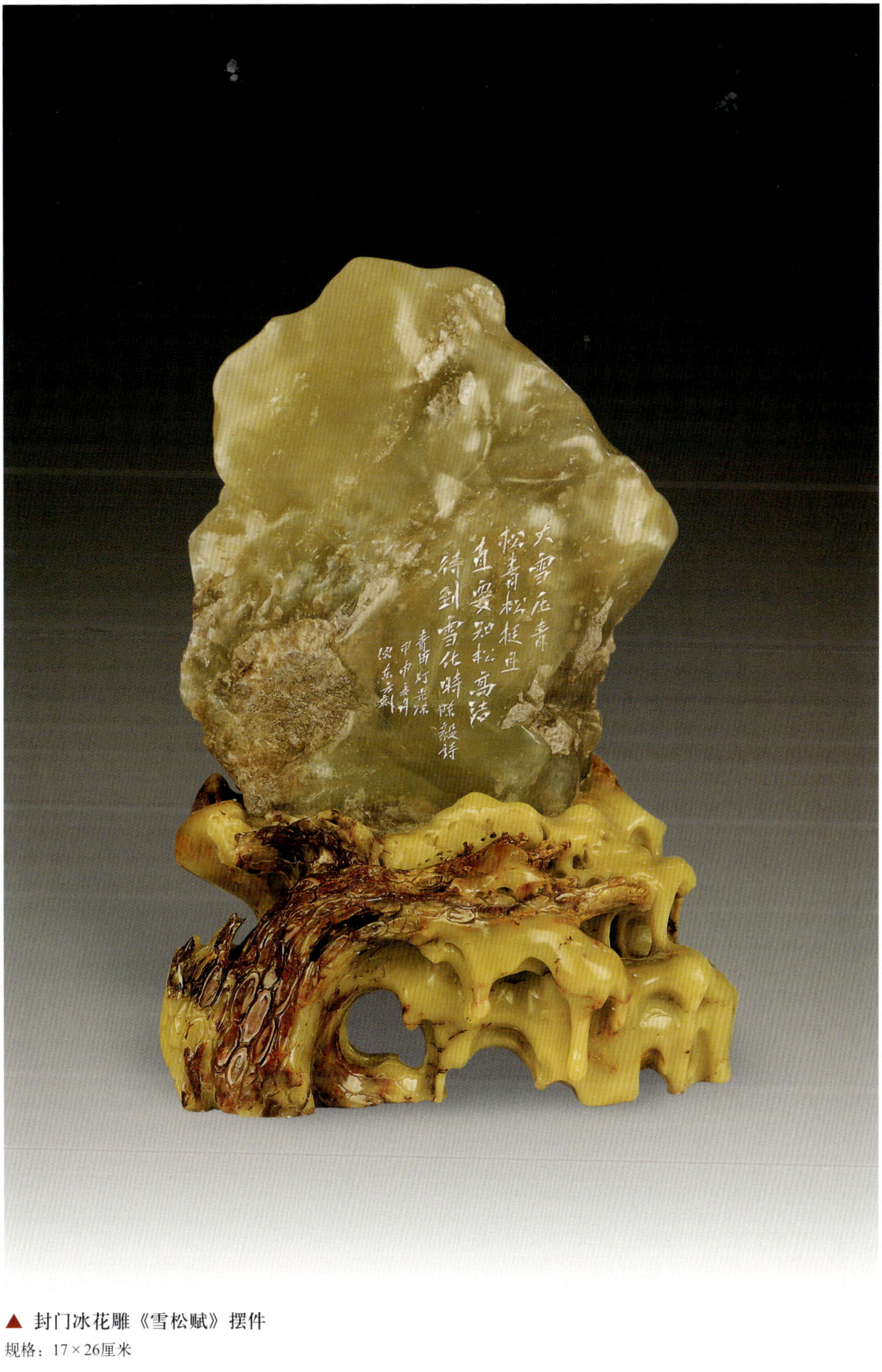
大雪压青
松青松挺且
直要知松高洁
待到雪化時 陈毅詩

▲ **封门冰花雕《雪松赋》摆件**

规格：17×26厘米

▲ **封门金玉冻雕《稻花香》摆件**

规格：27×38厘米

▲ 封门紫檀冻雕《欣欣向荣》摆件

规格：45×38厘米

▲ 封门金玉冻雕《映山红》摆件
规格：28×50厘米

▲ 封门三彩雕《醉秋》摆件

规格：24×29厘米

洞、套洞、皮洞。此类洞的造型观念不但比较明确，而且在放洞时都要紧靠着景物，根据造型的需要决定洞的深浅、走向、大小。点洞即作品表层的单洞，只要稍加改造表层景物的空间就可以了。带路洞也从作品表层开始，不但具有表层景物造型的功能，而且它还深入里层，起“带路”的作用，主要服务于表现景物内部复杂的结构和层次。套洞是在放空洞或带路洞中放的“洞中洞”，它是通过一个洞口，而向左、上、后、右、下放各种斜度的洞，以刻画景物和层次。这样，不但可以保持作品外观的完整性，而且又可以使其含有细腻、丰富的内蕴。皮洞是一些浅而不透的洞，如水泡、老干树桩、假山岩等，都可以此来表现它的质感。

放洞中，特别注意的就是避裂、败洞、洞向。而且洞的方向，要控制前后对穿的透洞，才不致一目透底；斜向洞的洞向，要依据景物的生长规律确定。但需尽量避免在石料上有裂纹的地方放洞，以防石料崩碎、断裂。还要注意防止出现败洞，如在不该放洞的部位而误放的“死洞”；没控制好洞深而误伤作品实体的“伤洞”；损坏洞径而出现的“破洞”等。

在放洞的基础上，再经过刀、刺、凿的镂雕，才能创制出层次丰富、玲珑剔透的作品。

（2）带筋化筋

在石雕作品中保留的连带体即为带筋，就像房屋中的梁、柱一样，使作品更加牢固。青田石质地脆软，所以，艺人必须重视带筋化筋技艺的应用，而在镂雕中，要掌握好分寸，既要使作品“空”，又要使作品“牢”。根据作品的构图和景物的具体状态，雕刻者对带筋的部位、粗细要巧妙地设置。

尤其是在那些批量产品中，带筋的青田石雕就十分明显，很多产品的体身与景物之间都有许多小石柱，而在花枝叶背下有许多“蜈蚣脚”等。

实际上，这些都是为了更好地支撑景物而保留的“带筋”。

在青田石雕中，那些精雕细刻的作品，带筋则就显得十分含蓄，因为艺人已将带筋“化”成了景物实体的一部分，并将“牢”与“空”巧妙地结合并统一起来，从而形成一件玲珑剔透、结实牢固的作品。

第四章

青田石印章鉴赏

一　花乳石考

据明嘉靖年间(1522—1566)郎瑛《七修类稿》中的《时文石刻图书起》篇记载，“花乳石”之所以闻名遐迩就是因为王冕是用它来刻印。因着这个缘由，以后的大多数印人学者都称石章创始于“王冕用花乳石”，而且，许多印学著述中也有此说法。所以，青田石收藏爱好者在从事收藏时必须对以下内容进行详细地考究。

第一，何为“花乳石”？

大部分印人学者都以“会稽王冕，自号煮石山农，创用青田花乳，刻成印章”(黄质《古印概论》)的说法为准。不过，也有人支持“宝华山在天台城东三十里，产花乳石”(民国《天台县志》)和“花蕊石出(仙居)十三都大洪庄”(光绪《仙居县志》)的说法，甚至有人认为花乳石就是一种深赭底色上有星点白花的萧山石，即花药石(韩天衡《花乳石、花药石与萧山石考》)。

宋代官修《嘉祐补注神农本草》有过这样的记载：“花蕊石或名花乳石，出河南阌乡县。”而《本草经疏》载：“花乳石，其功专于止血，能使血化为水。”《本草图经》则载：“花乳石，出陕州阌乡县。体至坚重，色如硫黄。形块极大者，人用琢器。”由此可见，从其本质来说，花乳石就是产自河南的一种可以雕刻的药用石。后来，有人又将其定为雕刻石、篆刻石，其实，这也是一种比较合理的说法。不过，不应将其限定在某地的雕刻石的俗套中。对于王冕用来雕刻的花乳石，既没有明确的史料记载，也无可鉴别的实物，因此，很难断定其是本义上的药用花乳石，还是引申后的雕刻石。

第二，到底是谁先创用的石印？

关于王冕首次刻印是用花乳石的问题，清代学者查慎行(1650—1727)认为：“自从秦人刻玉称国宝，此外杂用金银铜……后来摹刻忽以石，其法创自王山农”（《寿山石歌》）。实际上，这种提法已脱离史实。《辞源》(民国4年初版)上就曾这样记载：“元末王冕始以花乳石刻印，为石印之始，见《七修类稿》。”

战国时期，石印就已出现。如河南汲县山彪镇曾出土的一石质“出工和世”玺，就出于战国时期的墓地中。迄今为止，这是我国最早的石印实物。秦汉时期，石印已较为流行。如20世纪五六十年代，湖南长沙一带出土了40多枚西汉滑石印，其中，大部分为台钮、桥钮、鼻钮及龟钮，现藏于湖南省博物馆。甘旸《印章集说》载：“唐武德七年(624)陕州获石玺一钮，文与传国玺同，不知作者为谁。”宋代杜绾《云林石谱》中也有很多关于用石制印的记载。该书共载有116种石头，其中，有不少雕刻石在当时就已被雕刻成器物、佛像、镇纸和印章。如浮光石，“土人琢为方斛器物及印材粗佳”；石州石，“土人刻为佛像及器物甚精巧，或雕刻图书印记字样，书极深妙”。由此可见，“王冕始以花乳石刻印”是有一定依据的，但元末的王冕(1287—1359)并非“石印之始”，即使在文人篆刻家中，他也算不上是用石刻印的创始人。

清代韩锡胙《滑疑集》中曾这样记载：“赵子昂始取吾乡灯光石作印，至明代而石印盛行。”宋太祖八世孙赵希惮居于青田，希惮之孙赵孟奎、赵孟扆、赵孟至和赵孟圻皆是进士，他们与赵孟頫是同辈，使赵孟頫有机会获得进而了解青田石。因此，在众多著名的书画家、印学家中，赵孟頫才是用石章刻印的创始人。善诗工书的他不仅画入逸品，而且其刻印技艺齐名于吾丘衍，他们唯独青睐玉筋，对于唐宋之陋习有了较大的提升。

到了明代，经印学开山鼻祖文彭对于青田冻石的应用，使其名扬四方，同时，也加速了金、玉、牙质印材被石材替代的进程。如明万历四十五年(1617)，太仓张灏编集的《承清馆印谱》中就有印664方，其中，金印20方、银印20方、水晶20方、玛瑙20方、玉21方、琥珀21方、宝石22方、宣铜22方，而冻石却有498方，占总数的3/4。由于人们对石质印材的广泛应用，从而推动了明、清篆刻流派的形成，同时，对我国篆刻艺术的发展也有一定的促进作用。篆刻家韩天衡也曾如是说：“自文国博创以处州灯光冻石治印，一时文人风从，遂使篆刻之学起八代之衰，而成明清印石新纪元，就中青田石之功不可没也。”

二　印石佳材

青田石不仅是被文人引入篆刻艺术殿堂的最早印材，也深受历代篆刻家所喜爱。如清代陈莱孝的论印诗句，“冶金刻玉古时章，花乳青田质最良。”

明代篆刻家吴日章认为：“石宜青

田，质泽理疏，能以书法行乎其间，不受饰，不碍刀，令人忘刀而见笔者，石之从志也，所以可贵也。”清代篆刻家黄易认为青田石“柔润脱砂，仿秦汉各法，奏刀易于得心应手”。当代篆刻家娄师白说：“青田石的石质细腻非常，既不太坚硬，又不太脆，随刀刻画，能尽得笔意韵味，所以青田石的石性是最好的。”台湾篆刻家王北岳则这样认为：寿山石温润，昌化石鲜艳，而青田石清脆，其如书香子弟般，有温文淡雅之风。篆刻家高石农认为：青田石石质脆而松，成印效果好，如作画用的上好棉料宣纸；而寿山石较坚实，腻而不爽，似“风矾宣纸”；昌化石多砂钉，难以受刀，似“拖矾官纸”。由此可见，青田石受历代篆刻家的青睐的程度有多深。在《西泠后四家印谱》中共收录了陈豫锺、陈鸿寿、赵之琛、钱松4家的印344方，其中青田石216方，占总数的70%。

三　青田石章鉴赏

印章起源于古代制陶所用的一些文字、图案的模子，然后，逐渐衍变成为信物，最后才发展成为有较高欣赏价值的艺术品。在战国到宋代这段时期内，印章是以“实用艺术”的形式出现的。直到明代中期，篆刻艺术才脱离其附属地位，从“实用艺术 ”发展成为一门独立的“欣赏艺术”。石质印材是篆刻艺术发展过程中的主要物质条件。据相关史料可以看出，青田石是被篆刻家最早应用的石材。对篆刻艺术家来说，它是最理想的材料之一，历来都备受推崇。如元代赵孟“始用吾乡灯光石作印”；明代文彭“所取尽青田俗所谓灯光冻者，后来无石不印”。

根据相关的历史文献考察表明：在明朝以前，田黄石通称“黄石”，当时并不受世人珍视。但清朝皇帝元旦祭天，必置一田黄石于供案中央，取福(建)、寿(山)、田(黄)吉祥之兆可以看出，田黄石已渐渐为人所重视。因此，自清朝以后，田黄石身价突飞猛涨。对昌化鸡血石，清代丁敬在《印章款识》中说：“吾杭昌化厥品下下，粗而易刻，本易得印中神询，红者人尤珠王定值，不知日久色衰，曾顽石之不若矣。安有青田、寿山之久而愈妙耶!”现在，青田石虽然没有黄金的价值高，但其石德却深受多数人赞赏。其不仅为广大篆刻爱好者提供了更多施展刀技的空间，而且篆刻家的艺术足迹也得以流传下去。

青田石章是青田石雕中一个很大的雕刻门类。但大部分都是以使用功能为主的普通石章，其石质一般，制作工艺简单。除此之外，还是有不少高档石章，其石质优良，构思奇巧，雕刻精美，具有很高的欣赏价值。在制作、雕刻、创新等方面，艺人们倾注了大量的心血，同时也积累了很多丰富的经验。

1．青田石印章的制作

按青田石章的形状，可将其分为规则和随形两大类。通常情况下，规则章的主要形式有方章、扁章、椭圆章、圆章以及对章、组章等；随形章又称为“书法章”或“天然章”。就是指以石料的自然形态为基础制作出的不规则石章。对于青田石印章的制作，可分为取

▲ 黄金条素面方章

山口一带及周村

料、成形、抛光3大步。

（1）取 料

由于石章没有或很少雕刻，则具有较好的光洁度，因而石料质地的自然瑕瑜一览无遗。所以，与石雕作品相比，石章的取料很难，而且更为严格一些。石章取料时，要特别注意避杂、防裂。即应尽量避免杂质、杂色，以求得质地纯洁、色调纯净的石章；而裂纹是石章最忌讳的，特别是对印章底部来说，如果有裂纹存在，就会在很大程度上影响刻字效果。

通常来说，规则章要求有充分取舍余地的大块石料；随形章要求可以利用、块小但质地、石色俱佳的石料；对章则要求花纹优美，在开料后能组成美妙的对称图案的石料。

（2）成 形

把石料锯成石章坯料后，要用阔凿铲出石章外形。方章、扁章要求六面平正，相互垂直；椭圆章、圆章则是在方章、扁章的基础上将其削角圆顺。对于六面体的印章来说，为了使各个面的角度规范，消除凿痕，达到初步光洁的效果，铲形后还须用“砂皮板”(砂布贴于玻璃上)对其进行反复磨擦。

随形章的形状主要取决于石料的自然形态、质地、色泽、花纹等，为了使其具有浑厚、灵巧之感，还要以美观为准则，进行一定的加工改造。在没有定形的情况下，要造出优美的形状确实不是一件容易的事情，这就取决于石章坯料的好坏和艺人的工艺水平。随形章几乎都是用凿铲形，再刨光，最后用细砂布打磨而成。

（3）打光

石章不同于石雕，许多石章主要是为了突显石质本身的天然美，并非以

▲ 青田封门蓝星原石

▲ 随形章

雕刻艺术为主体，因此，打光就显得格外重要。石章成形后，要用砂布或砂纸对其反复磨擦，然后擦油上蜡，使其表面形成一层称为“包浆”的光亮层。对于普通石章，制作者只是用粗砂布进行打磨，然后加热上蜡，但其光亮很容易消褪，粗糙的底子不久后就会露出来，俗称“假包浆”。而很多中、高档石章则是用由粗到细的水砂纸进行打磨，直至光可鉴人，然后上一层薄蜡。这种包浆的光亮不仅耐看，而且经得住时间的考验，不易消褪，俗称“真包浆”。但是，不论是“真包浆”还是“假包浆”，都统称为“人为包浆”，与之对应的则是“天然包浆”，即石章被长时间的抚摩，人的油脂、汗液渗入内部，经过氧化作用，在石章表面产生一种既滋润又古朴的自然光泽，因此，历来都被人们所珍视。

2. 青田石印章的雕刻

青田石章形式丰富，如有的印钮造型简朴，饶有古意；有的印体雕刻层次丰满，富于画意；有的印边花纹图案精致美观；有的印盒造型别致，与印章珠联璧合。

(1) 印钮雕刻

古印大多都是用金属铸凿成的，其印体矮扁。为了使用方便，设计者常常会在印体上方突出一捏手处，即印钮。随着时间的推移，印钮逐渐发展成为一种以雕镂修饰为主的装饰工艺。明

▲ 封门黑方章

代中期以后，石质印章十分盛行，印钮的功能从实用与装饰相结合，逐渐趋向于以美化装饰为主，其形式可谓是姿态万千，争奇斗艳。在此以后，钮雕艺术上了一个新台阶。

青田石章印钮大致可划分为植物、动物、人物、博古4大类，其表现内容丰富多样。

植物类主要有：四时花卉、树木、蔬菜、瓜果、菌类等。以写实手法为主，大多生活气息浓厚。

动物类主要有：神话传说的各种古兽以及各种飞禽走兽、家畜家禽、鱼虫等。其中，最常见的印钮形式为龙、狮和十二生肖。龙钮多以繁密、精巧见长；狮钮多取材于古狮的造型，极具雄健浑朴之感；十二生肖大多经过一定的形变，特征鲜明。

人物类主要有：八仙、罗汉、寿星等，取材传统，概括生动自然。

博古类主要有："八宝"、古钱币、古印钮、钟鼎炉瓶、"琴棋书画"、仿青铜器图案等。

此外，还有一种由多个种类相互配搭的综合性题材的钮雕，如"八仙八兽"等。

（2）印体雕刻

印钮雕刻以立体雕刻手法为主，多施在规则类石章的顶部；印体雕刻则以浮雕手法为主，多施于随形章的表面。因而，雕塑的立体感渐有薄弱之势，而绘画的表现意味却越来越浓。浮雕也以"因材施艺"为重，特别是对俏色的利用，另外，通过浮雕还可以掩饰或剔除印体上的砂隔、裂纹。

此外，还有一种称为"薄意"的，即极浅薄的浮雕。这种雕刻手法主要用

▲ 汉虎钮官印

于灯光、兰花类珍贵石章的表面。它不仅可以修饰石章的瑕疵，而且不会损坏其自然文彩，同时，又可以使天然冻石与优美的书面、细腻的雕工相互映衬，产生相得益彰的效果。

还有一种线刻，即采用阴刻技法在印体上刻以图画、文字。如把形象鲜明、姿态生动的各种人物，或数百字的古代诗词中的名篇，刻在数平方厘米的印体上。此类线刻作品已经从印饰升华成为一种金石微刻艺术品，艺术价值颇高。

（3）印盒雕刻

印盒是艺人用来存放成组印章的。它既可放置、保护印章，又可作为一件独立的观赏品，具有较高的价值。印盒

的主要形状有方形、长方形及瓜果形、花篮形、亭塔形等。

3．青田石印章的创新

通常情况下，艺术作品的大小和艺术价值之间没有必然联系。虽然石章印面这个平面舞台不大，但却产生过很多篆刻艺术家，同时也形成了多种篆刻艺术流派，留下了多件不朽的文字艺术瑰宝。而印钮、印体的大舞台，却给人们提供了广阔的艺术创作前景。近年来，在印章雕刻这个领域中，青田石雕艺人也做出了很多的努力和探索。

（1）整体造型

整体造型就是指将一颗石章作为一个整体，摒弃印钮、印台、印边、印体等各个部分的分割观念，从整体出发，对其进行构思和布局。尽管此类印章仍具有一定的实用功能，但其实质上已从印章的装饰雕刻附属地位中脱离出来，成为一种独立的、具有较高欣赏价值的印雕艺术品。如寿星随形章，即重点刻画寿星的脸部，其他部分则以寥寥数刀加以概括，造型简练且外形浑厚。而动物随形章中，动物的特征与动态也能以粗概全，其粗犷雄沉之势，颇有汉代石刻的遗风。

（2）俏色利用

石章向来强调实用为重点，因而，其取材也要以质、色纯净为出发点。近些年，石雕艺人推崇的“因色取俏”技法，使青田石雕的艺术特色得以充分发挥，并取得了很好的艺术效果。通常情况下，石材因颜色不纯被看作是“瑕疵”，而艺人们却可以通过巧妙的构思，利用色彩的对比、调和与照应将各种形状的块、斑、层转化为某种艺术形象，从而创作出大量的印雕佳作。当代著名的美学家王朝闻，对倪东方、倪伟仁父子的印雕作品有此感言：“主人以惜石斋为名，表明对自然物质材料特色的珍视。客人对主人如何利用石料的特点很感兴趣，原因也在于觉得材料的某些缺点在巧妙构思之下转化为优点的实践活动的钦佩。包括青田石雕一切艺术为什么可能成为艺术的根本原因，主要在于作为审美活动的艺术处理如何出众的由被动中求主动，从而获得创造性的成功。”

4．旧青田石章的鉴别

青田石章的新旧年份可以从印章的质地、颜色、皮壳、雕工、包浆，及其刻面和边款等方面来进行区别。

明代及清初的青田石，其色泽青碧，却稍显暗淡，而石质则几乎纯净无瑕，属于灯光冻坑。与新坑种相比，这种青田石石性细洁松脆，雕刻时不燥不裂，有非常充分的发挥空间。因此，和书画家喜欢在旧宣纸上作书画的道理一样，篆刻家则喜欢在青田石上雕刻，甚至有过之而无不及。

明代的青田石，其石质细硬。印章的棱角锋利，用刀刻会有种老而辣的感觉，而且，也不易磨成圆弧形。如果折光观察印章，会发现其表皮有白色的细小颗粒，状如生梨芯上的白点，之所以有此现象，可能是含有云母成分的缘故。有的明坑青田石上有一条条的水波纹，给人一种好像没有磨平的感觉，但若仔细观察或用手指抚摸，就会发现其光洁平整非常。

清朝初期的青田石，其质地细腻光

▲ **道光皇帝御宝白玉瓦钮玺(二尊)**

道光帝“涵月楼宝”，“絜同民”

香港苏富比拍卖公司最近收集到两方印章，皆白玉质地，印体切割规矩，材质温润，色泽纯洁，局部有淡黄沁色。瓦纽，雕琢和抛光都极为精细，风格简捷素雅。印文同是细朱文，一方印文为“涵月楼宝”，一方为“絜矩同民”，文字篆法流畅，笔划细如钢丝，均匀而有力度，显示出制作者相当精湛的琢玉技术。其中“涵月楼宝”是建筑殿名印，“絜矩同民”为成语印，意思是“衡量的标准尺度与百姓是一样的”，如此俯视万民的气象恐怕只有皇帝才能当之。事实上，两印正是皇帝的宝玺。从两玺中的形状，钮雕和内容判断，这应是三方一套宝玺中的两方，而且是道光皇帝的御用玺印。

涵月楼宝位于圆明园四十景之一的“上下天光”景区内，是道光时新命名的一个宫殿名称。道光七年（1827）五月，“上下天光”景区的改建添建工程完成，增额“涵月楼”。此后直到道光十二年（1832），道光帝每年都要到这里观景赋诗。从道光帝的诗中可以知道，涵月楼的题额就悬挂于景区前面的双层楼上。此楼背山面水，登上重楼，远近湖光山色尽收眼底，尤其是在月明之夜，一轮圆月倒映于湖中心，岚光云影中更显月色皎洁，令人心旷神怡，以“涵月”名之，是再恰当不过的。只可惜现在知道此景之妙的人已经很少，幸亏这两方宝玺的出现，使我们能够再次关注这已经逝去的胜境，去追想当年道光帝登楼时的所见所思。

道光朝可以说是清朝历史上的多事之秋，社会的剧烈震荡，屈辱和民变的不断发生，使得想有所作为的道光帝最终一事无成。财政上的捉襟见肘也影响到宫中的用费，加之道光帝本人一向节俭的作风，使当时宝玺的制作量骤减，制作也不像从前精致。而此次拍卖的两方“涵月楼宝”和“絜矩同民”玺，无论是从玉工的精细，还是篆刻的流畅而言，在道光帝的宝玺中都是比较精彩的。

时间：清 · 道光

尺寸：高4.5厘米

拍卖时间：2005年5月2日

估价：HK$ 40万～60万元

成交价：HK$ 114万元

▲ 旦洪三彩雕《比翼双飞》摆件

规格：40×23厘米

洁，硬度明显小于明坑青田，因此，印章的线条、棱角与刀刻痕迹都没有那种生辣、锋利。况且流传至今，往往已经被磨蚀得很圆浑了。

旧青田石章的印钮，与浙江青田派的雕刻风格是一模一样的，主要原因是当时寿山印钮还未完全形成独特的雕刻风格，因而，对青田的雕刻不可能造成影响。这个时期，青田印钮的形式多为葡萄钮、暗八仙钮、“五蝠(福)临门”钮等。清中期以后，寿山石刻的印钮风格才逐渐发展起来，同时，在一定程度上影响着青田。

四 青田石印章的辨别

多年来，青田石印章一直为人们所深爱。因此，有人很早以前就用其他类似但质量差的石章来冒充青田佳石，企图以次充好。在市场上，假冒青田石的印石有以下两种：

一种是辽石。其产于辽宁，色如熟白果，十分类似于青田石，因此，很多石商往往就把旧辽石当作旧青田出售。因为它们的包浆都比较旧，而辽宁石章的品相却比较好，只是颜色淡薄一些。

尽管如此，辽石却奏刀不爽，虽松但涩，如马踏沼泽一般拖泥带水，若用刀刻，则会出现粉末状的石屑。所以，现在市场上已经不易遇到旧辽宁石章，取而代之的是以新坑辽宁石章假冒新封门青田。

▲ 红花青田雕古兽摆件

规格：5×8厘米

新坑辽石多呈青绿色，色彩艳丽，且有较好的品相，其外表之美几乎可与佳质的封门青田媲美。不同的是，其石质中含有较多的石英成分，雕刻时会显得格外生涩，就如同刻在玻璃板上一样，使之不规则地一片片崩落下来。所以，这种辽石不宜进行过于精细地雕刻和篆刻。

鉴别时，不仅要用刻刀检验，还要进行仔细的观察，如果在碧绿半透明的石材中出现弯曲隐绰的星星点点或“屋漏痕”现象，那么，这类石材决不是“封门青”。

20世纪80年代初期，新坑辽石开始涉入市场，因为当时人们对其还不够了解，因此，闹出过很多“误会”，如有一家商店就曾以封门青田的价格一下子购进几十方新坑辽石而吃了大亏。

另一种是泥质印石，称为“绿泥软玉”。它与青田佳石也极为相似，很难分清。该石产于辽宁省岫岩县，基本上都呈深绿色和墨绿色，质地莹润，呈半透明状。这种泥质玉石其实就是蛇纹软玉的绿泥石化，硬度只有1.5～2摩氏，质净滑腻，十分爽利，且稍有弹性，其刀口为白色粉末，有温润柔和的触感，较强的光泽感和玉质，是作印石的佳材。尽管如此，它与佳石封门青田相比，仍是相去甚远。

绿泥软玉矿和岫岩软玉矿相距不远，刚出产时还曾用作玉雕材料。但是，由于大多外销的雕刻工艺品在运输过程中都被震坏，因此，它被视为“无用之石”。后来，篆刻家发现了它的优点，并善加利用，才使其成为印石的一种石品。

▲ 封门冰花雕钮章

▲ 封门冰花雕钮章

▲ 红花青田刻《稀世珍宝》方章

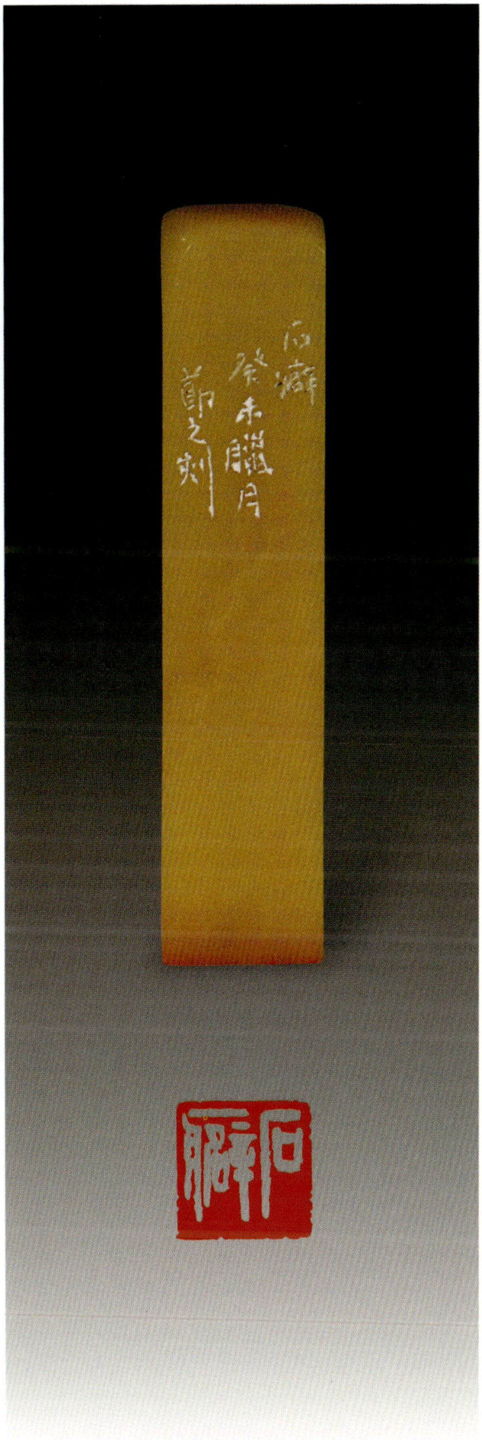

▲ 封门青刻《石癖》印章

▲ 红木冻雕人物钮章
周村尖东
清代

▲ 青田象牙白雕《弥勒佛》钮章
封门
民国

▲ 红木冻刻《玉石神刀》人物钮章

▲ 皮蛋绿雕龙钮圆章
封门

▲ 紫檀花冻雕《笔意丰神》俏色钮章

规格：9×5厘米

▲ 青田兽钮章

年代：清中期

尺寸：高5.6厘米

拍卖时间：1996年6月30日

估　价：RMB 2万～3万元

成交价：RMB 1.98万元

第五章

青田石的收藏与投资

一　青田石的价值评价

颜色艳丽、均一，质地致密、细腻、坚韧、光洁，蜡状光泽、油脂光泽，呈半透明至透明状；无裂纹、杂质、包体及其他缺陷，且块度大，这些是工艺美术上对青田石的要求。研究表明，青田石的颜色与其化学成分有着密不可分的联系。如通常灰、灰黄色的青田石含$Al_2O_3$21%～24%，有的甚至低于21%，所以质量较差；淡黄、黄绿色的青田石含Al_2O_3高于28%，成分较高，质量较好，属于一级至特级石雕材料；而灰紫、紫色的青田石，则含Fe_2O_3，成分通常高于1%。

青田石品质的优劣有很大的区别，从其光泽和石质上讲，通常上品为油脂状的冻石，中品细腻亮泽但不冻，下品则粗糙无光。从色彩上讲，其中，单色的青田石以纯净光洁，无杂质、裂痕的冻石为上品；石质细腻纯正，有光泽，无裂痕的为中品；石质粗糙，水分不足，无光泽的为下品。此外，单色中杂有相似的色相或冻路、冻点，若能互相呼应，也同样属于上品。而彩色的青田石以色泽光润，色形美观，质地细腻，无裂痕为中品；而色泽灰暗，色形杂乱，质地粗糙，有明显裂痕的为下品。

通常来说，造型是一件青田石雕作品被品评时的第一个看点，其次是石质、石色，最后才是题材的内容、雕刻技巧。一件石雕作品，只有融集了各方面的精华于一身才能称得上是佳品，如立意新颖，造型美观，石质上乘，刻画合理，技艺精湛，巧妙利用石色等。

由于青田石光亮细腻、色彩丰富、软硬相宜，因此，郭沫若曾题诗赞曰："青田有奇石，寿山足比肩。匪独青如玉，五彩竞相宜。"

青田石质地细润，易于篆刻，因而成为印石中的佳品。其色彩极为丰富，主要为青色。此外，还有黄、白、绿、灰、黑色等。青田石中，以冻者最为珍贵。所谓冻，即是指通体晶莹细润如美玉，石质细腻，呈半透明状。其中，又以黄色或绿色者为佳。

冻的种类较多，同时，亦有优劣之分。首先为灯光冻，其色微黄，质极细密，呈半透明状，硬度适中，是青田石中的最上品，其价值堪比黄金；其次为鱼脑冻，多为青白色，呈半透明状；此外，还有田白冻、田青冻、田墨冻、白果冻、封门青、薄荷冻、松花冻、酱油冻、兰花冻、紫檀冻等。其色泽、纯杂各不相同，但以色青质莹、细腻柔润的较为名贵。

▲ 黄金耀雕薄意随形

封门、南光洞

青田石多夹生于顽石中，但是，其石质细腻脆柔，易于镌刻，无砂钉等杂质。而且，因坑洞不同，其价值也有高低之分。

市场上出售的新青田石，是一种常用来篆刻的印石。大多为淡青绿色，尽管其石质比不了冻石，不过，确实也可说是物美价廉。

传统的青田石雕产品为各种陈设品或日用品，如人物、动物、山水、花卉、炉瓶、烟具、台灯等，其收藏价值和投资价值都很高。

二　青田石的鉴定

1. 青田石不同品种的鉴定

按青田石的色泽、矿石结构、矿物共生组合等方面的差异，主要可将其分为单色、杂色、刚玉质及红柱石等各种矿石自然类型，同时，还可以根据这些差异来区别鉴定它们。而按其色泽、透明度、质地等方面的差异，又可将其分为有各种普通青田石及青田冻石等，鉴定时，也是根据不同的品种中各方面的差异来进行的。

2. 青田石与相似石料的鉴定

以高岭石、地开石、叶蜡石等矿

物组成的寿山石、田黄石、巴林石、长白石等，与青田石极为相似。其主要区别在于彼此的物质成分、总体构造、产地及产出状况、工艺美术性能等方面的不同。如果因其外观相似或因鉴定者的学识、经验、技术水平等方面的不到位而不能“肉眼鉴定”，则需借助偏光显微镜、电子显微镜、热分析、红外吸收光谱分析、X射线衍射分析等仪器设备来对其进行精确的鉴别。

3. 人工处理青田石的鉴定

在对天然青田石或人工处理青田石进行鉴定时，可以采用适当的物理方法，如加热、烧烤；或是采用化学方法，如酸、碱测试等。

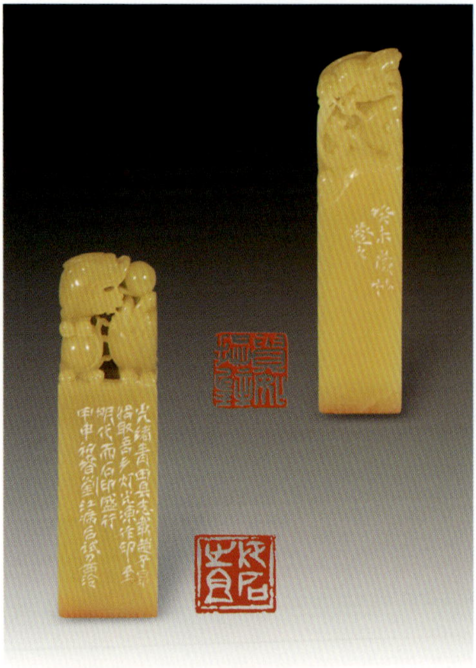

▲ 上：封门青刻《贯如拱璧》钮章
下：封门青刻《印石之祖》钮章

三　青田石的选购与收藏

青田石品种繁多，如封门青、松花皮、酱油冻、黄石花、石竹花、紫檀花、墨青花。其大多数被用来雕刻印章或巧色印雕等，此外，也有很多被用来雕刻人物、动物、植物、花鸟及器皿等艺术品。

浙江青田石作为国石候选石之一，有非常大的升值空间，其投资前景也十分看好。近些年来，青田县出产的好成色的青田原石，价格涨势迅猛。曾被评为全国工艺美术大师的叶品勇也这样说：“1999年的一块500元的青田石，放到现在保证能卖两三千元。”尽管如此，好的原石仍是极为罕见。

要想投资和收藏青田石，首先，得要求藏家有充足的投入资金。如有一枚狮钮灯光冻石章，高约12厘米，每边宽约4厘米，纯净无瑕，油脂光泽饱满，其售价竟高达人民币10万余元。其次，对精品的选择要有独到的眼光，这就依赖于丰富的经验。印石的价值可从两方面来评断，一是印石料的自身价值，二是工艺价值。其中，作品的工艺价值是取决于人工的，对同一块石头进行不同的人工雕琢，其价值也会有所差异。

▲ 秋葵青田瓦钮方章

年代：明

规格：高4.8厘米

拍卖时间：1996年6月30日

估　价：RMB 6万～8万元

成交价：RMB 12.1万元

▲ **青田素方章(2方) 印文：泼墨（左） 画中记（右）**

奚冈为蓬心制印，陈鸿寿、赵之琛刻边跋，陈介祺旧藏。

年代：清中期

规格：高8.2厘米

拍卖时间：1997年6月1日

估价：RMB 1.8万～2.5万元

成交价：RMB 1.76万元

▲ **青田螭虎镂空钮章**

制印人：孔 才

年代：民国

边款：十九年庚午七月灯下孔才自治，卅七年戊子三月廿七日重治潭西书屋印，孔才

印文：潭西书屋

规格：高6.7厘米

拍卖时间：1996年6月30日

估 价：RMB 1.2万～1.8万元

成交价：RMB 1万元

▲ 陈豫钟刻青田素方章

此印章质地青田，材质润泽。印文“灏水审定”，边款刻“昔人云善者不善鉴，善鉴者不善书。秉衡宗兄富于收藏，复肆力笔墨可谓兼之矣。其铭心绝品，余曾尽观，无一赝本。所作诗与文又能时出新意，令人真不可及，视为畏友者，岂余一人已哉。戊午四月秋堂记。”该印为陈豫钟为陈希濂所刻鉴定印。陈豫钟（1762～1806），号秋堂，钱塘人。深于小学篆籀，皆得古法，篆印宗丁敬，兼及秦汉，为西泠八家之一。

年代：清中期

边款：十九年庚午七月灯下孔才自治，卅七年戊子三月廿七日重治潭西书屋印，孔才

印文：潭西书屋

规格：5.1×2.1×2.1厘米

拍卖时间：2000年5月8日

估　价：RMB 2万～3万元

成交价：RMB 3.08万元

▲ **封门青章料**

年代：清

规格：高9厘米

拍卖时间：1997年5月28日

估价：RMB 1万～1.5万元

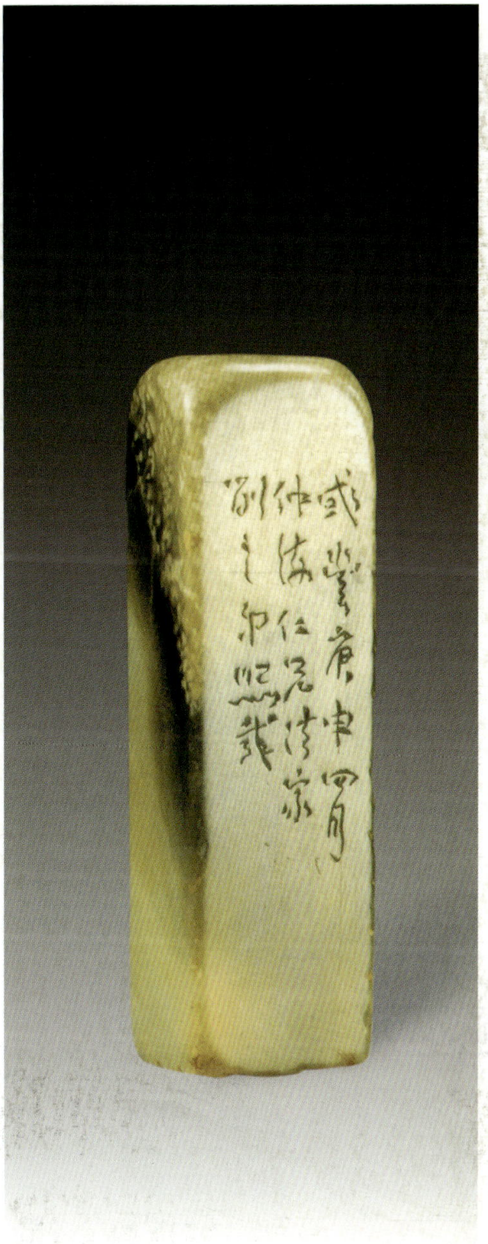

▲ **鱼脑冻印章**

吴熙载款。

年代：清

规格：高7厘米

拍卖时间：2004年11月5日

估价：RMB 8 000元

▲ **青田石印章**

规格：高8.3厘米

拍卖时间：1996年6月30日

估　价：RMB 2万～3万元

成交价：RMB 1.76万元

▲ 虾青冻兽钮章

制印人：寿石工

年代：清晚期

边款：印匋学，缶翁

▲ 青田石章（2方）

制印人：张樾丞

年代：民国

边款：一为宋元人好作连边朱文，余亦喜为之，戊寅八月士一居樾丞制。一为拟汉官印法，多未相似，乐潜老兄同道大

印文：兰风草堂

规格：高4.7厘米

拍卖时间：1996年6月30日

估　价：RMB 1.2万～1.5万元

成交价：RMB 1.32万元

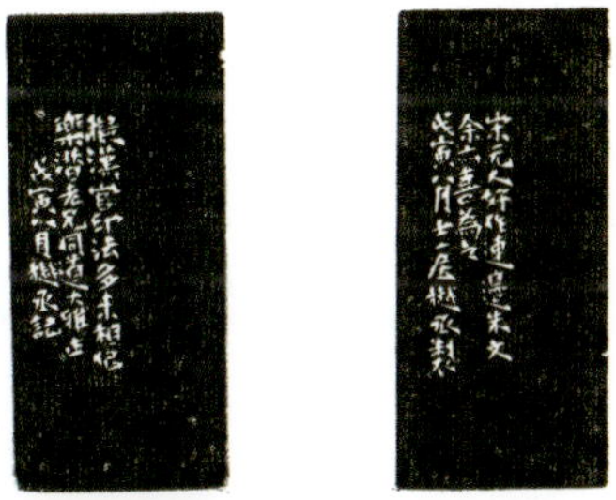

雅正，戊寅八月樾丞记

印文：聊写吾胸中逸气、乐潜翁诗书

规格：高7厘米

拍卖时间：1996年6月30日

估　价：RMB 1万～1.5万元

成交价：RMB 8 800元

▲ 青田素方章(左)

制印人：王福厂

年代：近代

边款：荔盦社 兄属刻，辛未六月望日，福厂王

印文：荔盦。

拍卖时间：1997年4月18日

估　价：RMB 4 000～6 000元

成交价：RMB 4 400元

▲ 青田素方章(右)

制印人：赵叔孺

年代：近代

边款：甲戌秋月叔孺刻，静厂昆仲法家清玩。

印文：兄弟共墨

规格：4.9×2.6×2.2厘米

拍卖时间：1997年4月18日

估　价：RMB 4 000～6 000元

成交价：RMB 8 800元

▲ 艾叶青田石章（一对）

年代：民国

规格：高2.7厘米

拍卖时间：2001年12月18日

估价：RMB 8 000元

四　青田石收藏的意义

近些年来，我国的民间收藏青田石热正悄然兴起，而私人博物馆如雨后春笋般大量出现，且藏品也是五花八门，千奇百怪。在这股收藏热中，越来越多的人收藏印石和石雕作品，并引起他们的广泛重视。在寿山、青田等地，还有上海、杭州、福州、北京等大城市中的石友大量涌现。

收藏青田石不仅可以丰富知识，提高艺术修养，而且还可以陶冶情趣。在众多的石友中，如北京的胡福巨从喜爱印石，到收藏巴林石再到研究巴林石，并撰写了《巴林石志》。杭州的苏晋云治印集石数十年，近年来又精选百余方珍石，并最终辑成第一本《中国印石心赏》精美画册，而且其中汇集了我国的众多印石。此外，收藏青田石还可以使志同道合者叙谈切磋，并互相观摩，“以石会友”。

此外，收藏青田石有着潜在的经济效益。因为印石的储量有限，而且属于不可再生的矿产资源，随着近几年的大量开采，资源消耗快，且可开采利用的时间已经不长。如山口一带盛产青田佳石，其中叶蜡石总储量大约有580万吨(青田石共生其中)，而现在平均每年开采约15万吨，如果以此速度来计算，大约在30年后就可能绝产。而巴林石主矿体储量也不到100万吨，且开采期也不会超过100年。所以如此宝贵的印石，其价格也是一路飙升。20世纪70年代，在青田当地一方2．5厘米见方、高10厘米的封门青印章仅值二三十元，而到90年代，其石的价格已近万元。现代石雕名家精品，80年代初只有一二千元，而10年后却已经达数万至10多万元。

五　青田石的保养

青田石的保养，应注意主要的以下几点：

首先是三避：把印石、石雕收藏品放在避晒、避风、避尘的环境中。印石通常为软石类，质地较为细嫩温润，因此为避免印石变质、变色，切忌阳光直射或风吹。如果长期把印石、作品放置在外面就会有很多灰尘，这样会损害它们的自然神韵。所以最好能放在玻璃橱内，这样不仅便

▲ 青田石章
制印人：齐白石
年代：民国
边款：白石
规格：高3.2厘米
拍卖时间：2001年12月8日
估价：RMB 1.2万元

▲ **青田方章**

制印人：胡钁

年代：清

边款：匊□□力摹汉铸，甲辰六月

印文：墨似欢露

规格：6.4 × 3.3 × 3.1厘米

拍卖时间：1997年4月18日

估价：RMB 1万～1.5万元

▲ **青田方章**

制印人：齐白石

年代：民国

边款：已未秋八月初三日，齐璜为苙父先生制，时同居都门

印文：姚华之印

规格：高9.5厘米

估价：RMB 3万～5万元

成交价：RMB 3.3万元

▲ 虾青兽纽石章
制印人：王福厂
年代：民国
边款：诒叔先生名印，福厂用曼生法制之，丁卯伏日
规格：高6.5厘米
拍卖时间：1996年6月30日
估价：RMB 1.2万～1.8万元
成交价：RMB 1.32万元

于观赏，而且也利于保存。

其次是养护。有的印石、印雕是没有经过雕刻的素章，有的虽然经过雕刻，给人感觉整体浑厚，但手感舒适，可常置于手中反复摩挲，时间越久越光。若有大量的藏品，就可以用封蜡法来保养。它是先给印石、印雕加温，然后涂上一层薄蜡，再用软布擦亮。而有些石雕作品的收藏时间较长，已经“褪光”，这种情况的处理方法，就是先把它们先放在温水中清洗，可加入适量的清洗剂，用软毛刷除去作品表面及洞孔中的灰尘，然后用清水洗净、阴干，并加温、封蜡，即可使作品如新。除了一些耐热性比较差的印石外，尽量不要用植物油养护，因为油质黏手，还不便玩赏，而且油易挥发，保留光泽的时间不长，待日久成油垢，就难以去除，影响其美观，因此最好还是用蜡封法，这样效果比较好。

六　青田石品级评定

正确评价青田石雕作品的优劣，是一个较为复杂的问题。它涉及主客观两个方面：客观上，作品本身所具有的经济价值、审美价值，与作品的题材、技艺、作者、体量、石料等因素有关；主观上，鉴赏者文化水平的高低，审美理念的不同，对于同一件作品做出

▲ **青田长方章**

制印人：方岩 为邵茗生制印

年代：民国

边款：戊寅冬日寄似茗生吾兄教正，方岩

印文：岑斋搜集摹拓之记

规格：高6.5厘米

拍卖时间：1996年6月30日

估价：RMB 1万～1.5万元

成交价：RMB 9 900元

的评价，可能截然不同的。从长期的实践经验来看，评价一件作品需从5个方面考虑，分别是石料、题材、构思、工艺、作者。

1. 石 料

青田石作品的物质载体是石料，如有的石料就是“价逾黄金”的天然石宝，其本身就具有一定的价值。而青田石雕作品的重要标志就是材质的高贵，所以石料的优劣决定着作品地位的高低。石材名贵，其质地较为细润，而且色彩纯净丰富，花纹奇特的均属上等；如有明显的缺陷，但不占主体地位的上等石料及稍次的材质属中等；如石料质地较为粗糙，色彩较灰，多杂质，多筋裂的属下等。

2. 题 材

青田石雕的题材外表景物形象，内含思想情感，既是作品内容的反映，也是作者的情感的表现。意境清新，题材新颖，内涵较为丰富，有创意，且富有情趣的为上等。如作品不合情理，物象堆砌，互不关联，一味模仿的为下等。其他的均属中等。

3. 构 思

通常石料是青田石雕作品构思的基础。同时，石料受客观状况的制约也较为明显。一般都是通过构思寻找到天然与人工的契合点，然后才能创作出“巧夺天工”的作品。构思巧妙，因材施艺，因色取俏，并且对石料的色彩、自

▲ 封门兰花钉雕《红梅傲雪》摆件
规格：30×58厘米

▲ **封门兰花钉雕《晨曲》摆件**

规格：28×55厘米

然形态、花纹、质地充分利用的均属上等。不能因材施艺，滥用刀凿，枉耗冻石、俏色的属下等。其他的则属构思平平的中等作品。

4. 工 艺

工艺是刻画题材物象，并且表现出构思与审美意境的技巧。而且每一道工序的技术性都很强，和作品的质量关系也较为密切。作品形象生动自然，洞法合理，工艺精湛，刀法流畅，神采飞扬的属上等。如形象丑陋，工艺较为粗糙，斧凿痕迹明显的属下等。其他的均属中等。

5. 作 者

因名家有一定的社会效应，所以作品的身价高低与作者的知名度就有着紧密的联系。但是，对于名家作品也不可盲目推崇，须根据实际情况而定。名家的得意之作、代表作、成名之作均属上等。而他们的精心之作属中等。而那些应酬之作，以及靠艺徒制作的商品则属下等。

通过多层次、多方位的评论分析后的一件作品，必须要有个综合的评价。工艺美术界，依其长期以来的评定惯例，同时借鉴古代对书画作品鉴赏品评分成妙、神、能3品的做法，可将石雕的品评立为珍、精、能3品。

如果在以上5条中有4条达到上等的基本可确认为珍品；而有4条达到中等以上的为精品；有3条以上处于下等的即为能品。

很多收藏家苦苦追求名家名作，也有少数商人也想着如何发大财。所以，即使花大钱，收藏者也未必能买到名作，这就要求收藏者对相关的知识的了解和认知，避免带来经济损失。目前，针对石雕市场上的假冒现状，以中国几位工艺美术大师的石雕作品状况为重点，就如何鉴别作一些剖析。

七　青田石名作鉴别

1. 个人风格

一件作品在一定程度上融入作者的性格、爱好、观念、气度、学养等。通常情况下，从作品里可以产生一种朦胧的难以言传的总体感受。例如：林如奎的作品质朴浑厚，倪东方的作品空灵秀美，周百琦的作品文雅清新，张爱廷的作品严谨朴实。所有的作品中，几乎都涵盖着个人的总体风格，这可作为鉴别的重要依据之一。同时，相关的题材、落款这两个方面也是具体识别的切入点。

（1）题 材

周百琦的题材较为新颖，且擅长雕刻蘑菇、春笋等果蔬类及人物；倪东方的题材范围较广，主要为丰富的花果类，也涉及山水、动物类；林如奎和张爱廷的题材范围则较狭较专，他们喜欢反复锤炼，精益求精；林如奎喜雕高粱、冰梅；张爱廷常刻寿星、小孩。若出现异常情况，则需谨慎对待。目前，市场上出现的“周百琦作”的青菜、辣椒等常见题材作品及“张爱廷作”的仿古龙蛋作品均属假冒商品，所以，收藏者应特别注意。

（2）落 款

此前，石雕作品上没有落款。直到20世纪80年代以后，才开始逐渐流行，而且有的名家把落款认为是石雕作品的一个重要组成部分。落款不仅可以让作品的艺术感染力增强，而且还可成

▲ 红花青田雕《垂涎》摆件

▲ 龙蛋石雕《女娲》摆件

规格：32×40厘米

▲ **青田玉墨石雕《思苦尝甜》摆件**

规格：27×31厘米

▲ 封门青三彩雕《情系人间》摆件
规格：35×36厘米

▲ **封门红花雕《争艳》摆件**

规格：27×52厘米

为鉴别真伪的一个重要依据。如倪东方的落款独具强烈的个性，他运用单刀边款的刻法，而且笔笔斩钉截铁，错落自如；而周百琦的落款取胜于雅，且富有文学性的题目，其意蕴较为丰厚，通常以“烟云阁主人”雅号入款，而且款的位置、大小二者协调得十分得当。

2．技艺水平

根据石料质量的好坏，作者投入精力的多少，名家发挥水平的高低，所以，在一定程度上，作品也存在着差距。不过，名家自身都有一定的艺术底蕴，因此，即使是一些随意的小品，也能在一定程度上体现出作者的艺术情趣及技艺水平。而有的制伪者把很多平庸之作贴上“中国工艺美术大师”的标笺，并且配之以伪造的“作品证书”，甚至还有“大师”和作品的“合影”等，然后，把一件作品标出数十万、数百万乃至上千万元的高价，坑骗消费者。针对此类情况，首先，收藏者要把作品的质量放在第一位，如果石料和技艺水平都较一般，即很有可能是冒牌货。即使有的是亲自接手于名家手中的作品，也应如此，因作品水平有高有低，更何况也有个别名家不够自尊、自重的。

3．作品状况

对于鉴别作品的真伪，首先要对名家的作品状况有一定的了解，这是十分必要的。青田石雕作品的状况一般包括作品创作和作品去向两个方面。如倪东方的“惜石斋”，几乎收藏了他近20年来的数百件作品，所以，只有《杨梅》、《秋菊傲霜》等珍品收藏于中国工艺美术馆，《十二生肖》等少量作品亲自出让。1988年，周百琦去世，其遗作屈指可数。有各博物馆收藏的《春》、《光阴生命》等名作，还有其家人收藏的几件小件作品。市场上是不可能流通其名作的。林如奎退休前的作品有的通过国内外展览出售，而有的收藏于博物馆，1980年退休后的作品，只有少量的亲自出让，其他的均被“耕石苑”收藏，对此可在《林如奎青田石雕作品集》中查对。

附一　青田石雕艺人小传(按出生先后顺序排列)

文彭

文彭(1498～1573)，字寿永，号三桥，江苏人，明代文徵明的长子。幼习家学，工书画、篆刻，被尊为印学开山鼻祖。文彭在任南京国子监博士时，有一次，在西虹桥巧遇一位卖石头的老翁，购得青田石若干，均为青田灯光冻石，文彭尝试着用这种石头作印，却是出乎意料的得心应手，从此以后他便放弃用骨牙作印章，改用青田石作印章，直至艳传四方。文彭将青田石引入篆刻领域，开创了中国篆史上的石章时代。

吴昌硕

吴昌硕(1844～1927)，名俊卿，字吕硕、仓石，号缶庐、老缶、苦铁等，浙江安吉人。吴昌硕是中国近代绘画、印学史上以诗、书、画、印"四绝"而著称的一代大师。他一生治印2 000方以上，其苍浑古朴、酣畅厚重的印风为中外印界所崇尚。

林茂祥

林茂祥(1857～1924)，又名林成春，字体廉，浙江省青田山口人。一生爱好金石，尤其擅长石雕，他的作品历来被藏家视为瑰宝，"争相登门追求，户坎为穿"。光绪戊子年(1888)，他在美国旧金山与中国星使傅云龙相遇。傅嘱他归国后大力宣传，积极发展海外贸易，为祖国争光。嗣后，他的两个儿子携销石雕，遍历五洲，经营收入颇丰。于是，乡人闻风而起，接踵而往，到海外销售石雕者数不胜数。民国初年，林茂祥移居温州。

齐白石

齐白石(1863～1967)，号寄萍老人、三百石印富翁等，湖南省湘潭市人。木雕工匠出身，擅长诗书画印，是现代著名大画家与篆刻家，曾获得国际和平奖。著有《齐白石书画集》、《三百石印斋纪事》、《白石印草》、《随喜室印存》。他的作品被国内外多家博物院、艺术馆收藏。

周芝山

周芝山(1868～1942)，浙江省青田山口人。出生于石雕世家，家有兄妹6人，周芝山排行老二。因为父亲很早去世，他仅读了3年书，就开始外出学艺。石雕人物、动物、花卉等无不擅长，名闻乡里。

1913年，周芝山等人禀请浙江都督府核批设立"手工传习所"，教授石雕技艺。1914年8月，集资暂立"翕和美术公司"，购办青田石雕、广东瓷器、福建漆器，运往美国，参加"巴拿马太平洋博览会"。同年10月，浙江巡按使屈映光为翕和公司题词：工精刻佬。1915年在美国旧金山举办的"巴拿马赛会"上，周芝山的青田石雕《白云瓶》、《梅鹤大屏》、《牡丹瓶》、《碧色大印章》、《竹林七贤》等共12件作品，荣获银牌奖章。他还赴美国开设商店，推销石雕产品，并先后在上海、汉口、普陀等地开过"图书店"。1933年前后，曾任青田县图书石业职业工会理事。

周旭卿

周旭卿(1875～1920)，浙江省青田山口人，周芝山的弟弟。他的石雕技术高超，构思新颖奇异。他的石雕作品很有特色，代表作品有以下几件：一件大型作品，石料重450多千克，表现了辛亥革命时国民革命军攻打南京天堡山的战斗情景，场面壮阔，人物众多，构图复杂，气势雄伟，雕刻十分精细。又有一件石刻大轮船，长、高各1米多，刻有船舱3层，分前、中、后舱，有驾驶室、救生船、救生圈、烟囱、兜风机4条、铁锚2只、太平锚2只，轮尾有舵手，镂雕精致，四面雅观。石刻大水牛，身躯肥胖，四腿挺立，双角用骨做成，色彩逼真，可活动装卸。牛眼用磁料镶嵌，两眼炯炯有神，观者皆甚称羡。他曾备石货数十箱，赴美国参加了1915年的巴拿马赛会。

林赞卿

林赞卿(1875～1947)，浙江省青田山口人。他精熟石雕技术，对山水、花卉、人物、动物雕刻技术皆通，方圆规矩精工，又擅长绘画。清光绪三十三年（1907）至三十四（1908）年间，青田创办贫民习艺所，所长詹某敦请木、竹、铁、伞老师数人，以学石雕为主的学徒30人，聘石雕名手林赞卿教艺。林教授时手执红、绿、蓝三支笔在石料上划坯，该裁掉的用蓝笔划出，留用的分别用红、绿标记，使学者易入门径。1933年前后，林赞卿曾任青田县图书石业职业工会常务理事。

尹阿岩

尹阿岩(1894～1943)，浙江省青田油竹上村人。18岁开始随父学习石雕人物技艺，3年后又到山口学习石雕山水、花卉技艺3年。平日常临摹《芥子园画传》，擅长绘画，喜爱养鸟种花。

他擅长人物雕刻，打坯十分简练而准确。至今留存一套“八仙坯料”，在方长体上用凿戳出几个大块面，其动态、形象已十分鲜明生动，见者无不称绝。其时慕名求其作品的人络绎不绝。他共带艺徒10余人。传世佳作有《关公》、《观音》，现收藏于青田石雕陈列室。

张仕宽

张仕宽(1895～1960)，浙江省青田山口秋炉坑人。他7岁时父亲去世，13岁时母亲去世。14岁开始在方山学习石雕技艺，满师后便以雕刻为生。他的作品《葡萄山》参加过1953年全国民间美术工艺品展览会、浙江省民间美术工艺品展览会和多次出国展览，获得国内外的好评和国家的奖励。1956年7月，他被评为青田石雕名艺人，同年当选为县人民代表。1957年7月，他出席了全国工艺美术艺人代表会议。中共中央副主席朱德参观时，仔细观赏了张仕宽的《葡萄山》，称赞说：“雕得真精细！”并吩咐要好好包装。1959年10月，张仕宽应邀赴京参加国庆10周年观礼。

金精一

金精一(1896～1956)，浙江省青田鹤城镇人。他的石雕技术出众，山水、人物、花鸟皆精。20世纪20年代，他曾在普陀山开设“斐然斋”石刻商店，边生产边销售，生意兴隆。1953年，他雕刻的《咱们新农村》梅花筒，参加了浙江省民间美术工艺品展览。1955年参加城镇石刻小组。他的作品善用俏色，深得行家好评，有一《梅桩瓶》，利用青田石中的季山夹板冻雕成，石料上浅青色的冻石刻作梅花，与黑褐色的梅椿互相对比，极为巧妙，1956年春，在浙江博物馆展出，受到称赞，并被该馆收藏。所刻的山水富有立体感，《荷叶瓶》用荷叶、荷花、游鱼组合而成，形式别致，独具一格。

留岳川

留岳川(1907～1985)，浙江省青田鹤城镇人。17岁开始学习木雕，20岁改学习石雕。1955年加入城镇石刻小组。他精于雕刻几何形体，如塔、炉、印盒等。其造型规矩、精确、严密，装饰花纹精细、古朴，在青田冠于群首。他创作的大型《塔炉》、《花果篮印盒》等作品，参加了全国工艺美术品展览及赴日本、喀麦隆等国展览。他的一生，清贫而坎坷，还经常遭戏弄，郁怨相积，有时显得喜怒无常，人称一怪。

杜正清

杜正清，1912年9月15日生，浙江省青田鹤城镇人。15岁开始学习石雕技艺，满师后在青田水南、山口、方山、城镇和温州、普陀等地，帮人做石刻。1952年在水南自立石刻小组，接受温州、杭州等地订货。1955年加入城镇石刻小组。1958年，选派到辽宁省海城县美术雕刻厂传授雕刻技艺。1963年，调回浙江省青田城镇石雕厂工作。1976～1981年，应聘在安徽省固镇县工艺美术厂当石雕师傅。1979年，他的石雕作品《嫦娥奔月》、《高峰山水》参加了安徽省工艺美术展览。

他擅长雕刻山水，所作山峰突兀挺拔，布局气势雄伟，颇具中国山水画意。树木、亭阁、人物的造型浑厚古朴，具有浓郁的民间艺术气息。作品被多次选送到国内外展览。晚年作品如《蓝钉山水》、《黄皮山水》，都能巧妙利用石料的天然色彩及质地，或在坚硬的“蓝钉”间隙之中，或在紫岩的表面色层上施以雕技，取得质感强、色调对比醒目的艺术效果，虽然小巧，却能引人入胜。

黄华英

黄华英(1913～1995)，原籍浙江乐清县。13岁时到青田跟随著名石雕艺人金精一学艺。1935年，在温州打锣桥开设“彩石轩”石刻商店。抗战期间，曾在重庆五四路口设店，名为“拜石轩”，主要经营青田石章。

1955年，他参加城镇石刻小组，同时带徒传艺，随学者20多人。同年，他创作了《四季圆花瓶》、《桃鸟圆花瓶》，在造型上改变以往花瓶扁形、不甚规矩的传统样式，在花纹装饰上用农作物组成图案，颇具新意。两件作品均被选入《工艺美术》画册。1957年，他创作的《牡丹花》，从生活出发，按照牡丹的生长规律进行雕刻，力避概念化、程序化。他的作品一般都保留石料的自然形态，外轮廓显得简洁整体，自然浑厚，同时能巧妙利用石料的自然质地与色彩。晚年作品有《茶竹鸟鸣》、《螺》、《鹬蚌相争》等。

韩占鳌

韩占鳌，1916年9月3日生，浙江省青田鹤城镇人。15岁开始学习石雕技艺。1955年进入城镇石刻小组，1957年调往山口石刻厂。他擅长雕刻松、竹，作品细密精巧。1978年，他的《松竹》参加了全国工艺美术展览。1979年，他的《松鹤梅鹊》被选送法国展览。嗣后，他花年余时间，精心创作了作品《江南春》，作品呈圆形插瓶式，采用镂雕、透雕、高浮雕，浅浮雕等多种技法，雕刻了竹木、亭阁、飞鹤、彩云、白帆、远山，层次丰富，意境深远，石色纯净，质地通灵，在1982年的全国石雕产品评比中，获优秀作品奖。

朱振良

朱振良，1917年生，浙江省青田温溪人。浙江省第四届政协委员。15岁开始跟随大哥学习石雕技艺。1954年，参加山口石刻小组。1957年，被选送到浙江美术学院民间艺人进修班学习。1958年，调入城镇石刻厂创作组。1959年，创作石雕烟缸《新生》，后陈列在北京人民大会堂浙江厅。朱振良善于吸取玉器、牙雕的镂雕技艺，擅长“九龙链瓶”、“九龙多层石球瓶”的雕刻。九龙动态迥异，形象生动；瓶体造型古朴。

叶守足

叶守足(1917～1977)，浙江省青田城镇水南人。15岁开始学习石雕技艺。1955年参加城镇石刻小组。他的“山水”雕刻技艺，在同行中备受称道。其作品布局讲究，刻画细腻，具有强烈的时代感。《横渡金沙江》是新中国成立后较早探索用传统山水技艺去反映现实生活的作品。该作品参加了1953年浙江省民间美术工艺品展览。1958年，他随同美术工作者赴杭州，仔细观察默记西湖景色，回厂后共同设计了大型石雕《西湖烟雨》。作品以扇形大插屏形式，采用鸟瞰构图，精细刻划了西湖广阔秀丽的景色。1975年，他的《花果篮》被天津博物馆收藏。

林如奎

林如奎，1918年9月生，浙江省青田山口人。中国工艺美术大师、浙江工艺美术学会顾问、中国美协浙江分会会员、中国民间艺术家学社社员。

他12岁开始随父学艺，历时10年。1954年11月，山口石刻生产合作社成立，他首任社长兼党支部书记，边工作边雕刻。1956年，被评为青田石雕名艺人。1957年7月，出席了全国工艺美术艺人代表会议。

林如奎在石雕艺术上取得了卓越成就，受到了人民政府的表彰，1978年，获省工艺美术优秀创作设计先进个人奖；1979年7月，被评为省劳动模范，同年8月，出席了全国工艺美术艺人、创作设计人员代表大会，被轻工业部授予“工艺美术家”的荣誉称号；1988年改称“中国工艺美术大师”。1981年，他创作的《高粱》荣获第二届中国工艺美术百花奖的优秀创作设计一等奖。1985年，该件作品被轻工业部确定为工艺美术珍品，由国家征集收藏。1992年12月《高粱》彩图被印制成邮票公开发行。1996年，出版了《林如奎青田石雕作品选》。

潘雨辰

潘雨辰，1918年3月1日生，浙江省文成县潘山村人。5岁迁居温州，9岁进温州十中附小分部读书，深受美术老师管文南先生的艺术熏陶。13岁因家贫辍学，拜朱云明为师，学习青田石雕和绘画。17岁满师后以石雕谋生。1940年起，自学凭照片为人雕像。曾雕有《孙中山全身像》、《女游泳员》、《举重运动员像》等。所雕《八骏马》、《八美图》、《罗汉》等畅销一时。

1950年起，他多次雕刻毛泽东、朱德胸像，还雕有《井冈山会师》、《让和平鸽飞遍全球》、《赵一曼》和志愿军英雄《关崇贵》，后两件作品参加了全国美术展览。1952年底，调中央美术学院华东分院民间美术创作室工作。此后创作了《志愿军热爱朝鲜儿童》、《不朽的母亲》、《太平军的怒潮》、《国际主义烈士罗盛教》、《为友谊而欢舞》、《毛主席同农民谈远景》、《故乡人物图》、《鲁迅像》、《铁骑奔腾》、《人民骑士》等。另有《丰收舞》等两件作品曾在苏联展出过；《东方巨龙》被评为优秀作品；《幸福时代的小朋友》由浙江省人民政府赠送给前苏联最高苏维埃主席团主席伏罗希洛夫。

1962年底，调浙江省工艺美术研究所工作。20世纪60年代创作的作品有《蝶恋花》、《同饮一江水》、《追》、《刘英俊》(曾被送到国外展出)、《笑谈纸老虎》等。70年代以来创作的作品有《花飞凤舞》、《梁祝化蝶》、《咪咪》、《奔月》、《海姑娘》、《葡萄丰收舞》、《丝路彩虹》、《中日友谊》等，后3件作品选送日本展览，为日本友人购藏。上述不少作品参加了全国美术展览，为鲁迅博物馆、中国军事博物馆收藏，为国内外书刊广为介绍。他对青田石雕技法理论也有深入研究，并在教学中广为传授。写有论文多篇，其中《玉石雕刻技艺杂谈》一文，获浙江省优秀论文二等奖。

潘雨辰曾出席1979年的全国工艺美术艺人、创作设计人员代表大会和第三次全国文代会。现为中国美术家协会会员、中国工艺美术学会会员、中国雕塑学会会员、浙江省文联委员、浙江美协理事、浙江工艺美术学会常务理事。

朱正普

朱正普，1921年8月5日生，浙江省青田油竹下村人。1955年，他加入石刻小组，同年被破格选送到中央美术学院华东分院民间工艺研究班进修。

他擅长雕刻古典人物和传说中的神、佛。他雕刻仕女，身姿婀娜，衣褶流畅，亭亭玉立，楚楚动人；他刻儿童，稚雅天真，顽皮可爱，捉迷藏、翻跟斗、抱南瓜、玩蟋蟀，无不童趣盎然。1956年7月，被评为青田石雕名艺人。1957年7月参加全国工艺美术艺人代表会议。1964年，作品《送子当红军》获省雕塑竹编观摩评比一等奖。代表作《武松打虎》那英勇威武的雄姿，降龙伏虎的神态，更具永久的艺术魅力。

吴如干

吴如干(1924～1988)，浙江省青田山口人。青田石雕名艺人，浙江美术家协会会员。

他14岁开始学习石雕技艺。1954年起，曾任山口石刻合作社监事主任等职。1956年，被评为青年石雕艺人(后享受名艺人待遇)。1957年，参加了全国工艺美术艺人代表会议和中华全国手工业合作社第一次社员代表大会。

吴如干擅长雕刻花瓶、花卉。1956年春，浙江省人民政府将他的《牡丹花瓶》作为礼品赠送给苏联最高苏维埃主席团主席伏罗希洛夫。1964年，他的《咏梅》在广州工艺品新题材展览会上展出，受到周恩来总理的热情赞扬。他努力开拓石雕新题材，探求以传统技艺表现新的时代精神。创作了多件《高粱》、《谷子》、《冰梅》、《辣椒》等作品，被选送到国内外展览。《人民画报》、《人民中国》等杂志均对他的作品作过评介。

王为纲

王为纲，1925年9月生，浙江省丽水县城人。1945年毕业于省立联合师范学校。浙江省美术家协会会员、中国工艺美术学会会员。

新中国成立初期，王为纲即在县文化馆任美术干部，曾为青田石雕的恢复、组织、辅导做了许多工作。他对绘画、篆刻、石雕等都有浓厚兴趣和一定的造诣。1962年，曾利用9种不同色彩的石料，雕成一组《九老》，受到好评。1980年退休后，被聘为青田工艺美术公司顾问。创作的石雕作品以浮雕为主，常常选取季山夹板冻、巴林黄皮等石料，施以浮雕，融绘画与雕刻于一炉，表现诗情画意，颇具书卷气息。1987年3月，他的多件作品参加省工艺美术精英作品展览。作品“甲鱼”利用紫檀纹石片，稍加造型、雕琢，甚为简洁生动，被选送参加1987年6月在北京举办的全国工艺美术展览。

倪东方

倪东方，1928年10月21日生，浙江省青田山口人。中国工艺美术大师，高级工艺美术师。

15岁开始随母学艺。1955年进入山口石刻生产合作社，因为善取众人之长，技艺益进。擅长选用名石取色雕刻花果、动物，极具开拓创新精神。他以雕刻花卉著称，在继承传统技艺，开拓新题材，表现新时代精神，创作石雕新产品等方面取得了突出的成就。代表作品有：《谷子》、《傲菊》、《熊猫•竹》、《瓜熟豆香》，邓小平同志参观时称赞《谷子》、《俏色用得好》。《人民日报》也刊登了《谷子》作品照片。1982年，他创作的《秋》在全国石雕产品评比会上获优秀作品奖，在第二届中国工艺美术品百花奖评审中获优秀创作设计二等奖。《中国工艺美术》杂志发表了《秋》的彩照和评介。《秋》还被选入上海人民美术出版社出版的《青田石雕》明信片。1985年5月，在北京举办的青田石雕展销会上，他应邀作现场表演。对他的精湛技艺，《人民日报》、《经济日报》等都作了专题报道。1986年9月，他的《秋菊傲霜》又在第六届中国工艺美术品百花奖评审中荣获优秀创作设计一等奖，并被确定为工艺美术珍品，由国家征集收藏。之后又有作品《俏色印雕》、《杨梅》参加全国工艺美术展览，均被评为珍品，由中国工艺美术馆收藏。《花好月圆》被印制成邮票发行。他还创建家庭石雕陈列室，雅号“惜石斋”，收藏陈列雕刻品、珍奇彩石数百件，全国各界人士前往参观者络绎不绝，斋内作品多次被选送海内外展出。

周体灵

周体灵，1937年生，浙江省青田山口人，中国工艺美术学会会员。出身于青田石雕世家，13岁开始学艺。1954年参加山口石刻社，1958年被选派到辽宁省海城县传授石雕技艺，1963年调回浙江，在杭州雕刻厂从事创作设计和技艺辅导。

他技术全面，作品题材广泛，艺术视野开阔，创新意识强。作品《水果盘》、《硕果》、《鹤梅》、《水果花篮》等参加国内外展出。《葡萄山》将藤蔓缠于竹棚架上，架下公鸡觅食，富有创意。印章制钮古朴大方，别开生面。《龙凤如意》吸收玉牙雕刻技法，别具一格。其美术成就曾多次受到表彰，1980年获杭州市优秀工艺美术品特别奖。

周南康

周南康，1937年5月21日生，浙江省青田山口人。工艺美术师，中国宝玉石协会印石专业委员会会员。

他11岁开始学习石雕技艺。1954年参加山口石刻小组。1958年选调到外地，先后在辽宁省工艺美术研究所、沈阳玉器厂、北京工艺美术联合工厂等从事玉器生产与设计。1961年被指派赴朝鲜进行设计指导，1962年曾在中央工艺美院民间特艺集训班进修。1969年调回青田县石雕厂。他的石雕作品多吸收玉器风格，奇禽异兽、纹饰图案均甚高古，器皿造型、链环镂雕均甚严谨。作品《花篮》、《吊链花篮》参加全国工艺美术展览，《熏炉》入选上海人民美术出版社出版的《青田石雕》明信片。《神龟》获1987年浙江省工艺品精英奖。《麒麟》获1988年郑州万国博览会一等奖。1990年荣获轻工业部表彰。

叶棣荣

叶棣荣，1937年7月生，浙江省青田鹤城镇。精工山水雕刻，作品广泛吸取中国古典文学的艺术精华，代表作《山行》颇见艺术功底，被联合国科教文组织授予“民间工艺美术家”称号。

周吾青

周吾青，1937年11月23日生，浙江省青田鹤城镇人。16岁开始学习石雕。1955年参加城镇石刻小组。1958年，选派到辽宁省海城县美术雕刻厂传授石雕技艺。1963年，调回青田城镇石雕厂。他擅长雕刻山水。1972年，他的《广州农民运动讲习所》刊登于浙江《工农兵画报》。后又有多件山水作品赴日本、美国等地展览。《高峰山水》参加了1978年的全国工艺美术展览。

邵志培

邵志培，1937年12月生，浙江省绍兴人。1979年到青田任越剧团演奏员。1986年7月，他突发将音乐与石雕联为一体的奇想，于是一面努力学习声乐、律学理论，虚心向民族乐器厂请教；一面努力学习雕刻技艺，认真向石雕艺人求教，终于在1986年11月创制出第一支《石雕龙凤笛》，经音乐学院教授、竹笛演奏家鉴定后得以充分肯定。之后又制成梆笛、口笛、排箫、硐箫、二胡、京胡、板胡、琵琶、扬琴、古筝、坟篪及小提琴等30余种。这些既是石雕工艺品又是乐器的作品曾参加过“中国首届民族乐器节”、“中国民间美术一绝大展”等活动，被评定为“中国民间美术一绝”。《人民日报》等报刊多次予以报道，浙江电视台、中央电视台作了专门介绍。石雕乐器的制作为青田石雕的创作开辟了一条新路，为中国乐器制造增添了一个新品种，成为“精美的石头会唱歌”的华夏一绝。

周悟胥

周悟胥，1937年生，浙江省青田县人，中国民间一级工艺美术家，16岁时学艺，擅长山水、花果雕刻，曾在青田石雕厂和辽宁省海城县美术雕刻厂从事专业创作，被聘为技术顾问。名作《千山》由北京民族文化宫收藏。《江山如画》、《四季如春》等佳作先后参加全国工艺美术品大展和美国、日本等国博览会展出。

林福照

林福照，1938年1月生，浙江省青田山口人，浙江省工艺美术大师。1956年进入山口石刻厂学艺。擅长花卉、人物雕刻。1978年，他的《花果篮》、《杨梅》参加了全国工艺美术展览。《花果篮》获全国石雕产品评比优秀奖。1982年，在全国石雕产品评比中，他的《花果篮》获中国旅游购物节天马优秀奖。此外，《芋》获全国工艺美术评比金奖，并入选石雕明信片。《鲟跃母亲河》获中国工艺美术大展世纪杯金杯。《锦绣河山》获首届中国工艺美术大师作品暨工艺美术精品博览会评比金奖。《争艳》由中国国家博物馆收藏，《钟馗》被选送参加建国45周年中国社会发展成就展。

张梅同

张梅同，1938年9月5日生，浙江省青田山口秋炉坑人，工艺美术师。1956年，进入城镇石刻厂随父学艺。其父张仕宽是青田石雕名艺人，以雕刻《葡萄山》而饮誉艺坛。后来，张梅同成了《葡萄山》雕刻技艺的主要继承者。数十年来，他创作了大量的石雕精品，为青田石雕赢得了声誉。其作品取俏色，精镂雕，葡萄藤繁叶茂，果实累累，一派生机蓬勃的气象。他创作的《葡萄山》，有的参加了全国工艺美术展览，有的选送喀麦隆、日本、美国等地展出。1979年出版的《中国工艺美术》大型画册，选登了他的两件《葡萄山》和一件《冰梅》。在1982年全国石雕产品评比中，他的《葡萄山》获优秀作品奖。在《中国工艺美术简史》一书中，选用了他的《葡萄山》彩照。新作《葡萄山》参加了1987年的全国工艺美术展览，并被确定为工艺珍品，由国家征集收藏。另一件《葡萄山》由浙江省国际贸易中心赠送给世界贸易中心协会总部陈列室(设于美国纽约)永久陈列。

张爱廷

张爱廷，1939年2月4日生，浙江省青田鹤城镇人。高级工艺美术师、中国工艺美术大师、中国工艺美术学会会员。1957年，考入城镇石雕厂学艺。1959年，选送到浙江美术学院民间美术系学习。1961年，毕业回厂。1967年，作为石雕艺术专家由国家派往阿尔巴尼亚传授技艺一年。

他擅长人物雕刻。1960年创作的《让菜长得比我高》、1965年创作的《民族舞蹈》，曾发表于《浙江日报》。《寿星》、《民族小孩》参加了1978年的全国工艺美术展览。《舞狮》、《丰收喜悦》、《福禄寿喜》被选送日本、喀麦隆、香港等地展出。其《寿星》作品，不仅形象鲜明，表情生动，夸饰得当，而且将鹿、鹤、喜鹊、蝙蝠、如意等吉祥物组合在一起，使作品情调热烈，寓意吉祥，深受人们的喜爱，成为近年来崛起的一个石雕人物作品大类，畅销于东南亚地区。1982年起，他任青田石雕厂厂长等职。同时仍坚持艺术创作，不断有佳作问世。1992年12月，作品《丰收》被印制成邮票发行。1993年2月，他的作品《舞狮》被中国工艺美术馆作为珍品征集收藏。论文有《寿星雕刻技法》等。

韩天衡

韩天衡，1940年生，号豆庐、近墨

者、味闲，江苏省苏州市人。中国一级美术师，现为上海中国画院副院长、中国书法家协会理事、中国美术家协会会员、西泠印社副社长。工书法、国画、篆刻。尤以国画花鸟、篆刻鸟虫体见长。

周百琦

周百琦(1940～1988)，浙江省青田山口人。中国工艺美术大师、省工艺美术学会理事。于1955年秋开始学习石雕技艺，同年进入山口石刻合作社当学徒，1957年冬转到青田石雕厂。1958年起进入厂创作组从事石雕的创作研究。同时努力学习文学、绘画知识，以提高专业水平和艺术修养。

在石雕创作上，他喜欢标新立异，自辟蹊径，喜欢雕刻富于生活情趣的题材，如蛤、蟹、螺、蚌、鹭鸶、锦鸡和蘑菇、春笋等。

1960年，他雕刻的《海螺》被选到北京人民大会堂浙江厅陈列。1962年创作的《油茶丰收畲女喜》获省创作二等奖。1963年创作的《罗汉》、《锦鸡》被评为省优秀作品。此后，又有数十件作品被选送到国内外展览。代表作《春》，于1982年被评为省优秀作品，获全国石雕产品优秀作品奖、第二届全国工艺美术百花奖优秀创作设计二等奖，刊登于《浙江画报》、《浙江日报》等报刊，选入上海人民美术出版社出版的《青田石雕》明信片，1987年又参加全国工艺美术展览。作品《光阴生命》被列为珍品，由中国工艺美术馆收藏。

他努力探索总结石雕技法理论，从1981年开始，陆续撰写了《青田石雕技艺三要素》、《石雕花卉浅论》、《<春>的创作体会》等论文，在《浙江工艺美术》、《杭州工艺美术》上发表，其中《青田石雕技艺三要素》获省优秀论文二等奖。与张澄之共同编写的《青田石雕技法》一书由浙江科学技术出版社出版。

林锦星

林锦星，又名阿豹，1941年5月生，浙江省温州市人。为中国工艺美术学会会员，浙江省民间美术研究会常务理事。13岁即随父林岩福学习石雕技艺。1954年参加温州石刻小组，1956年并入生产合作社，1958年选调到浙江民间工艺美术研究所深造。

他以雕刻《金鱼》而著名，由于平日他喜爱金鱼，熟悉金鱼，所雕作品特别生动逼真，富有动感。30多年来雕刻了100余件，参加了历次全国工艺美术展览，并赴日本、美国、喀麦隆、坦桑尼亚、赞比亚、阿尔及利亚及港澳等地展出。此外，他还善制印钮，所作的印钮古朴自然，庄重大方，圆润丰满，十分适用。1987年1月，林锦星在新加坡友谊展览中心举行“石雕艺术作品展”，并且进行现场表演，赢得阵阵喝彩。

留秀山

留秀山，1942年12月6日生，浙江省青田鹤城镇人。1956年，进入城镇石刻生产合作社，学习雕刻山水、人物，后来拜石雕艺术家张仕宽为师，学习“葡萄山”雕刻技艺，曾任青田石雕厂创作组副组长。1984年前后，他花了一年多时间，精心雕刻了一件《葡萄山》，探索在葡萄藤叶的内层雕刻葡萄串，层次更为丰富，雕刻精细过人，充分显示了青田石雕多层次镂雕的精湛技艺，在1985年的中国第五届工艺美术品百花奖评审中，荣获优秀创作设计一等奖——“希望杯”。1994年，作品《知秋》被选送参加建国45周年中国社会发展成就展。《天长日久》获1997年浙江省工艺美术品评比一等奖。曾参加1997年由中央宣传部等单位联合举办的“辉煌的五年”大展，受到国家领导人的称赞。

杨楚照

杨楚照，1942年12月22日生，浙江省青田山口人。他天资聪慧，少年成才。13岁进入山口石刻合作社学习石雕人物技艺。到第3年就能进行创作，并取得可喜的成绩。作品《风雨中牧童》、《拔萝卜》、《扇火炉》参加了浙江省第一次工业产品展览，受到中外美术家的好评。1958年，被选调到浙江省工艺美术研究所。在老艺人的指导下，他以写实手法创作了许多反映时代新貌的佳作。在创作《惊煞猪八戒》时，曾到西湖人民公社的畜牧场，对着大肥猪，认真地用泥塑造猪的形象。在创作《酣睡》时，除仔细观察幼儿的各种姿态外，自己还悄悄地躺在地上，学着幼儿睡觉的姿态，来体会熟睡的神情。他的“酣睡”参加了1959年的全国工艺美术展览，并受到高度评价。作品《爱》被选为第七届世界青年联欢节美术展品。1964年，他调回青田石雕厂，同年创作的《归航之后》获省优秀作品一等奖。在1972年的全国工艺美术展览会上，他的《更喜岷山千里雪》十分引人注目，《人民画报》、《红旗》杂志、《新华社通讯》都先后予以报道并给以高度评价。1973年，他的《巴勒斯坦游击队》、《非洲女民兵》被选送喀麦隆等国展览。《革命圣地遵义》于1975年被天津博物馆收藏。以动物为题材的《密林深处》，参加了1978年全国工艺美术展览和赴日本的展览。之后，他作为主要设计者和雕刻者，创作了大型石雕作品《西游记》，此件重236千克，长1.5米，高0.9米，宽0.4米，运用多种雕刻技艺，刻画了古典名著《西游记》中描写的“花果山”、“龙宫借宝”、“大闹天宫”、“三打白骨精”、“三借芭蕉扇”、“过假西天”等场景。1983年运往香港，参加浙江省出口商品展览会，引起轰动。另有《水果盘》被选入上海人民美术出版社出版的《青田石雕》明信片。1983年11月，他移民出国并在西班牙定居。

林达仁

林达仁，1943年1月27日生，浙江省青田山口人。1954年在家学习石刻。1956年进入山口石刻合作社学艺。1964年调到青田石雕厂。他的石雕技术比较全面，尤其擅长雕刻山水，对运用传统技艺，表现山水新题材作过有益的探索，雕刻了《南京长江大桥》、《长城》等作品。他于1977年创作的《井岗山——茨坪》被天津博物馆收藏。《金鱼》被选入上海人民美术出版社出版的《青田石雕》明信片。1979年，他移民出国并在美国定居。

林耀光

林耀光，1943年10月7日生，浙江省青田城南朱坳人。全国第六、七届人大代表，中国工艺美术学会理事，工艺美术师。

林耀光于1957年进入山口石刻厂学习技艺，翌年，被选调至青田石雕厂创作组。他全面钻研石雕技艺，在人物、动物、花卉等雕刻技艺上都有一定造诣，尤其对于《马》的雕刻，他狠下苦功，抓住一切机会，认真观察；钻研有关画马的理论和名作；虚心向动物雕塑家求教，从而创作出许多佳作，饮誉艺坛。

他在1972年创作的《群马》(6匹)，被拍入《浙江工艺美术新貌》记录片。1973年创作的“群马”(13匹)，被选送到非洲喀麦隆等国展览。同年，开始创作大型石雕《群马》(16匹)，后因故中断，至1977年继续雕刻完工。此件作品气势雄伟，构图完整，马匹组合得当，刻画精细，结构准确，神态生动，被选送参加1978年的全国工艺美术展览，获省优秀作品一等奖。《美术》杂志、《浙江日报》刊登了作品照片。1978年5月，我国领导人访问朝鲜时，将《群马》作为国礼，送给金日成主席。1979年至1980年创作的大型石雕《奔腾》，被选为北京人民大会堂浙江厅的陈列品。同时，还创作了《报春》、《史湘云》等作品参加国内外展览。

1982年4月，林耀光赴日本静冈，在“浙江省展览会”上作工艺操作表演。表演期间，他完成了《金鱼》、《仕女》两件作品的精雕，日本友人对他的精湛技艺极为赞赏。

1984年，他创作的《千里雄风》，在第四届中国工艺美术品百花奖评审中，获优秀创作设计二等奖。

近年来，他努力开拓雕刻新品种，利用当地丰富的花岗岩资源，从事花岗岩雕刻的试制和生产，为全国各地设计制作园林雕刻品。1985年，为浙江农业大学设计制作了大型花岗岩石雕《奔马》，作品重25吨，高4.7米，长5.6米。

楼永泉

楼永泉，1947年12月15日生，浙江省杭州市人。浙江省工艺美术学会会员。1960年入杭州工艺美术学校石雕专业班学习。实习期间，在省工艺美术研究所随著名青田石雕艺术家潘雨辰学艺。1964年8月毕业后分配在杭州工艺美术研究所长期从事石雕创作。

他擅长古代仕女题材的雕刻，以青田石雕传统技艺为基础，汲取其他艺术的长处，力求探索新的表现方法。1978年创作的《史湘云》，被选送参加全国工艺美术展览会展出，并发表在1979年第四期的《人民画报》上，后又被选送日本展出。1979年创作的第二件石雕《史湘云》，被评为杭州地区优秀作品一等奖。1980年撰写的《石雕“史湘云”创作谈》，被评为省科委1978—1980年优秀论文。近年，他致力于蜡像艺术创作。

蒋伯洪

蒋伯洪，1953年生，浙江省青田山口黄坑底人。16岁开始学习石雕技艺。初学山水，后转学花卉。1986年完成的《花篮》，巧妙利用石料丰富的天然色彩，精心设计雕刻了10多种各具姿态的花朵。作品被选送当年3月在民主德国举办的莱比锡春季博览会上展出。嗣后，又参加1987年6月的全国工艺美术展览。

林伯正

林伯正，1954年12月3日生，浙江省青田山口人。1967年开始在家随姐姐学习石雕技艺。1971年8月，进入青田石雕厂，受石雕艺术家林如奎（林伯正的父亲）的直接传授，技艺大增。

1977年，他参加了大型石雕《百鸟颂东风》的创作，该作品在1978年的全国工艺美术展览会上展出。1982年，他的《花果》刊登在《浙江工艺美术》杂志上。1987年，他的《冰梅》参加了浙江省工艺美术精英作品展览。《稻谷》(合作)又被选送全国工艺美术展览会展出，并获浙江省工艺美术品创作奖。1994年创作的《迎春》参加建国45周年中国社会发展成就展。

牛克思

牛克思，原名林汉立，1954年生，浙江省青田县人。高级工艺美术师。13岁随父习艺，曾任内蒙古巴林右旗工艺美术厂技术指导。27岁时，旅游荷兰、法国、意大利等国，学习研究西方雕塑，堪称一绝。41岁回故乡重操青田石雕业，将中外雕塑艺术融于一体，名作《万里河山》获1998年青田石雕行业评比特等奖。《枯木逢春》获1999年中国工艺美术大师作品评比金奖。

刘银华

刘银华，1954年出生，浙江省青田县山口镇人。高级工艺美术师。13岁开始随父学艺，1971年进青田县石雕二厂，擅长花卉、动物、山水创作，作品线条流畅，雕刻细腻，讲究构图布局，风格清新脱俗，深得收藏家喜爱。

项灵均

项灵均，1954年出生，浙江省青田县人。1971年进山口石刻厂学艺，擅长花鸟山水创作，技艺全面。《梦圆世纪》、《鸟语花香》、《百家争鸣》等作品多次参加国内外工艺美术展览，屡屡获奖。

林克勤

林克勤，1955年10月生，浙江省青田县山口镇人，高级工艺美术师。16岁开始学习石雕艺术，擅长于山长、花卉类题材的创作，技艺精湛，风格清新。代表作《日出金山》，造型大方，气势雄伟，雕刻精细，令人过目不忘。

叶品然

叶品然，1955年生，浙江省青田县人。高级工艺美术师。17岁时学艺，擅长花鸟、山水雕刻。作品《晨旭百鹤图》获1994年浙江省石雕展评会二等奖，《跳龙门》获1996年浙江中国民间工艺美术品展览银奖，《阳春之曲》获首届小国国际民间艺术博览会银奖，《暗香浮春》获第二届世界华人艺术大奖赛国际荣誉金奖。

林青民

林青民，1956年出生，浙江省青田县人。高级工艺美术师。名师张梅同高徒。擅长葡萄山雕刻。名作《葡萄》获1994年首届浙江省乡镇企业优秀工艺品展评会东艺杯二等奖。《珠光玉润》获1999年中国工艺美术学会世纪杯金奖，并被中国宝玉石委员会评为国家级艺术品。

傅献君

傅献君，1957年生，浙江省青田县人。高级工艺美术师。17岁时学艺，擅长花果、人物雕刻。作品《貂蝉拜月》获浙江省乡镇企业优秀工艺术品展评会二等奖。《八仙过海》获1996年浙江中国民间工艺美术品展开会银奖。名作《紫竹林》由上海文物古典公司收藏。

张爱光

张爱光，1958年生，浙江省青田阜山人。作品《群仙祝寿》、《秋翁童乐》、大型作品《蟠桃会》在海外深受好评，《萝卜》获浙江省首届乡镇企业优秀工艺品展评会一等奖。1995年获浙江省高级民间工艺美术师职称。

黄银松

黄银松，1958年生，浙江省温州市瓯海区人，后迁居青田县山口镇。高级工美术师。大师林如奎的再传弟子。15岁时学艺，擅长花果雕刻。名作《花篮》被邮电部作国家礼品送给外宾。“花果篮”获1994年首届浙江省乡镇企业优秀工艺品展评会东艺杯优秀奖，《花果累累》获1996年浙江中国民间艺术展览会金奖，《春花秋月》获1998年浙江民间艺术作品展览金奖。

周金甫

周金甫，1959年生，浙江省温州市瓯海区人，1974年随父迁居青田石雕发源地山口镇，现定居青田县城。高级工艺美术师。15岁时学艺，擅长花卉、农作物雕刻。名作《古梅新姿》获1996年青田石雕珍品评品比一等奖，《独占金秋》获1998年浙江民间艺术作品展览会金奖，《高风亮节》获1998年首届中国国际民间博览会金奖，《欢聚》获中国工艺美术展世纪杯银奖。

张爱光

张爱光，1959年生，浙江省青田县山口镇人。高级工艺美术师。19岁时随师高如尧学艺，擅长花卉、动物、人物雕刻。名作《蟠桃会》等被选送参加国内外工艺美术展览，受到好评。《萝卜》获浙江省首届乡镇企业优秀工艺品展评会一等奖。《秋色可餐》获1996年浙江中国民间艺术展览会金奖。《五百罗汉》获首届中国国际民间艺术博览会金奖。《五谷丰登》被选为浙江省人民政府赠送给1999年昆明世界博览会珍品。

倪伟仁

倪伟仁，1961年10月24日生，浙江省青田山口人。1978年高中毕业后，开始随父（石雕艺术家倪东方）学艺。他创作的路子宽阔，并且勇于创新，喜爱雕刻古兽、龙凤、狮子、鱼、蛤等。他的《九龙壁》参加了1984年浙江省国庆35周年献礼展览。《五龙凤形壶》刊登在《中国青年报》上。近年，他致力于石章雕刻艺术的探索，着眼于对丰富多彩的石料天然纹理的巧妙利用，试图用多种手法和风格，拓展印章雕刻艺术的领域。1987年，《俏色印雕》(合作)参加省工艺美术精英作品展览和全国工艺美术展览，并被确定为珍品，由国家征集收藏。

附二　青田石种类表

类别	石　名	产　地	简　　介
青色类	灯光冻	封门等	又名灯明石、灯光石、灯光。青色微黄，细腻温润半透明，价倍黄金，为青田最上品
	兰花青田	封门、免土	又名兰花，兰花冻。色如芳兰，明润纯净，通灵微透，便于奏刀
	竹叶青	周村	又名周青冻，青色泛缘，石质温润细腻
	金玉冻	南光洞、封门	有青黄两色，温润明净，细脆光洁，石属珍品
	封门青	封门	又名风门青，风门冻。淡青色，质地细腻，不坚不燥，肌理常隐有白色，浅黄色细纹
	南光青	南光洞	青色明净，温润微冻，质细性。韧。色偏白，肌理常隐白色斑纹
	官洪冻	旦洪	青色微黄，石质温润，细腻莹洁，性近兰花

续表

类别	石　名	产　地	简　　介
青色类	鱼冻	封门等	灯光石肌理隐有浅色斑点或格纹者
	兰花青田	封门、免土	又名兰花，兰花冻。色如芳兰，明润纯净，通灵微透，遍于奏刀
	白垟夹板冻	白垟	青色或黄色冻石，夹生于深色石料中，呈层状。石质细润，晶莹通灵
	季山夹板冻	季山	紫岩中有一层平薄的青白色冻石，质地细腻光洁
	兰花青	旦洪	青色冻地，上有墨绿色花斑，石质细润微透
	老鼠冻	老鼠坪	色泽清丽，质细结实，较透明，青色冻石常呈层状
	夹青冻	尧土、塘古、岭头	青色，质润姿温，夹生于灰青色硬石中，呈块状或层状
	麦青	禁猪洪	青色略呈灰白，质地坚韧，结实不莹，石质一般
	青白石	山口一带、塘古	是青田石中最具代表性的普通石料。其色青白，质地脆软稍粗，产量最多
	西山青	西山	灰青色，质细坚韧，微透，肌理多黑麻点
	岭头青	岭头	灰青色、结实少裂，色调灰暗，质感粗糙，欠光泽
黄色类	黄金耀	封门	黄色艳丽，质地纯净，温润脆软，与灯光冻齐名
	塘古黄冻	塘古	色彩鲜艳，石质纯洁，通灵温润，近似田黄，较罕见
	蜜蜡冻	旦洪	色黄似蜡，醇厚深沉，质地细嫩，通灵光洁

续表

类别	石　名	产　地	简　　介
黄色类	黄果	封门	黄色匀净，结实少裂，光洁不透，性似白果
	秋葵	山口一带	浅黄娇艳，质地温润凝腻，坚清微冻。
	周村黄	周村	中黄色，质地细腻纯净，光泽特好，一般夹生于紫岩之中
	黄皮	山口一带、塘古	青色石料，外有一层棕黄色，质地细软，以产于旦洪者最佳。
	夹板黄	旦洪	深黄色，细腻纯净，结实少裂，夹生于茶褐色石料之中
	菜花青田	山口一带	浅黄色，质细嫩，为青田石中较软之石，色彩会日渐变深
	麻袋冻	白垟	深黄色，肌理布满浅黄色大斑点，石质细润，温嫩微透
	黄青田	山口一带	又称青田黄，是石质稍粗的普通黄色石料。色有深浅之别，质地脆软，结实不透，产量丰富
	牛墩黄	尧士	石色深黄，质地粗硬
	岭头黄	岭头	有淡黄、中黄、焦黄数种，质粗实，多细砂，欠光泽
白色类	白果	封门	白色微青黄，色彩匀净，质细佳者微冻，结实，行刀脆爽，次者俗称细缕岩
	猪油冻	尧士	白色偏黄，微冻，质细性脆，富油腻感
	塘古白冻	塘古	色白性灵。质地脆软，通明纯洁，常裹生于硬石之中

续表

类别	石　名	产　地	简　　介
白色类	武池白冻	下堡	色白如蜡，质细通灵，性脆软，罕见
	北山晶	北山	白色，极透，性松软，夹生于硬石中，块大质纯者难得
	蒲瓜白	尧士	又名葫芦白，色白微青，细润光洁，肌理隐有冻质花纹
	雨伞撑	旦洪	有明显放射状白色(或紫色)结晶，形似雨伞，质松散
	柏子白	山口一带	其色最为白净，质细腻，性脆软，肌理常有冻点
	武池白	武池	白色微粉，质细性软，多细裂。
	老鼠白	老鼠坪	色白微灰，质细性韧，肌理多白色絮纹
	岭头白	岭头	白灰色，质粗松，性韧涩，光泽不佳，少裂纹
	北山白	北山	灰白色，质较粗，性坚多砂，干蜡无光
红色类	朱砂青田	封门 禁猪洪	红色艳丽浑厚，质地细润纯净，佳者甚为难得
	橘红	封门	色似橘瓣，黄中透红，质细脆软，通灵明净
	石榴红	南光洞、禁猪洪、封门	红色间有青、黄色斑块，质细性脆，微砂，不易风化
	武池红	下堡	深红色，石质细洁纯滑，肌理隐冻点
	武池粉	下堡	粉红色，细腻光洁，肌理隐浅色波纹
	猪肝红	山口一带	色调深沉，无明显花斑，纯净光洁，结实少裂

续表

类别	石　名	产　地	简　　介
红色类	红花青田	旦洪	青白色，上有红色花斑，肌理隐有冻点，质地稍粗
	红皮	老鼠坪等	青白色石料上有红色薄层，表皮常呈深褐色，石质一般
	岭头红	岭头	赭红偏紫，肌理隐有细小深色斑点，结实不莹，性软而脆
	北山红	北山	浅紫红色，质粗硬，肌理隐白色花点，坚育多砂，欠光泽
	煨红		黄色石料或青白色石蘸渗硝酸铁溶液，火煨成红石
蓝色类	蓝星	山口一带	又名蓝星青田，在青、黄色石料上有蓝色星点，稍软可雕
	蓝带	山口一带	又名蓝带青田，色泽绚丽，尚可雕琢
	蓝钉	山口一带	又名蓝钉青田，俗名兰花钉。宝蓝色或紫蓝色的斑点或球块，坚硬，难以奏刀。常与冻石伴生
绿色类	芥菜缘	白骈、旦洪	青绿色，莹洁通灵，温润如玉，光洁可人，石性稳定
	山炮缘	山炮	色似翡翠，质细微冻，性坚而脆，纯净少裂者视若珍品
	苦麻青	白垟	深灰绿色，色彩较匀净，肌理隐有细点，质稍粗
	封门绿	封门	鲜绿色或翠绿色，质细腻通灵，性坚硬，难奏刀
	石门绿	石门头	灰青绿色，石质细润，肌理隐细密白花点，多细裂

续表

类别	石　名	产　地	简　　介
紫色类	红木冻	季山	色调深沉，常夹生青白条冻，石质细腻，光泽特好，料稀名贵
	豆沙冻	尧士	深紫红色，如煮熟的赤豆，细腻纯洁，性软无裂，光泽好
	紫箩兰	封门	色如紫罗兰紫，质地细润，石性坚韧，有细砂，肌理隐有青白色细密冻点
	紫岩	山口一带、季山	其色有深浅数种，质地一般粗硬，性坚韧，产量十分丰富
	何幽紫	岭头	猪肝色，肌理多小黑点，质稍粗韧，多细砂，少光泽
棕色类	酱油冻	封门	深棕色或深棕黄色，石质细腻，结实微砂
	酱油青田	山口一带	原系黄色菜花青田，经长期摩挲，变为酱色，古朴珍贵
黑色类	黑青田	封门、塘古	俗名牛角冻，黝黑发亮，细洁温润，了无杂质
	黑皮	白蚪、尧士	色层厚三五毫米，黝黑纯净，细软结实，甚奇特
	墨青	岭头	黑中偏青灰，肌理隐有浅色花点，质较粗，少光泽，产量多
	乌紫岩	山口一带、季山	黑色微紫，质地一般，结实少裂，肌理有疏朗微小的白点
	武池黑	下堡	黑色纯净，石质细腻光洁，惟多筋裂
	武池灰	下堡	灰白或灰褐色，质细性脆，微透，肌理隐杂点
	武池灰	下堡	灰白或灰褐色，质细性脆，微透，肌理隐杂点

续表

类别	石　名	产　地	简　　介
	煨黑		浅色石料中渗入油类等有机质，经火煨变黑，质坚脆
花色类	五彩冻	旦洪	地黑色，上有红、黄、紫、缘、白等色，细润适灵，质老不易风化
	紫檀冻	山口一带	地紫檀或乌紫色，上有青白色或黄色冻质花纹、斑块，质地细润
	封门三彩	封门	以黑青田为主，上有酱油冻，两色间往往有一封门青薄层。色彩鲜明，石料名贵
	龙眼冻	季山	紫岩中有桂圆状青色冻石，纯净通灵，细润光洁
	水藓花	山口一带	石料上有苔藓状的黑色花纹，十分精致，石质一般
	木板纹	尧士	灰黄色石料上有似木板之纹，质地细洁，隐有微小白点、冻点
	金银纹	封门	地淡黄，上有黄、白色条纹，石质细软，极易着刀
	满天星	旦洪	熟褐色石料中布满白色小圆点，石质细腻光洁
	岭头三彩	岭头	黑、白、棕等数色圣层状或环状排列，肌理有细纹，色彩明朗，石质细润
	冰纹封门	封门	封门石中质地温嫩多裂者，经长期摩挲变为酱色冰纹
	豌豆冻	季山	黑色石料上有蚕豆状冻石，肌理有斑点，质脆，有细砂。(豌豆系青田方言，学名蚕豆。)
	葡萄冻	季山	紫岩上有葡萄状冻点，石质细润

续表

类别	石　名	产　地	简　　介
花色类	松皮冻	山口一带	地浅黄色，上有淡青色椭圆形斑点，质细性脆
	蚯蚓缕	封门	青色微黄，肌理隐有冻点，石质一般
	千丝纹	尧士	青黄色石料，肌理有细密平行浅色线纹，石质细腻结实
	芝麻花	尧士	青白色，肌理有细密黑点，质地细腻，料较好
	封门雨花	封门	地青白乳白色，花纹酱紫色、灰黑色，十分美妙奇特，质地坚硬，难以奏刀
	紫檀纹	山口一带	紫檀色石料土有黄灰色平行条纹，石性坚硬，有细砂
	云彩花	白蚌	黑、白、黄三彩相间，花纹鬈曲，石质稍粗
	青蛙子	白址	青色冻池，石质细润，肌理隐块状密集细小白点
	靛青花	白姘	地青灰色，有青绿色花斑，质粗不透，料一般
	米稀青田	山口一带	俗名米碎花，灰黑石中布满极细的白点
	头绳缕	山口一带	有明显白、红、黄、黑等单色平行缕纹，石质一般
	松花冻	旦洪	青色冻地，肌理有各种花纹斑点，质地细软温嫩
	紫檀花	山口一带、季山	深、浅紫檀色，肌理有各种花纹斑点，石质一般，产量丰富
	笋壳花	山口一带	土黄色石料上有黑色花斑，石质较粗，结实少裂，产量多
	苞米花	尧士	青白色，浅黄色冻地，上有黑色花纹和白色斑点，石质细腻

续表

类别	石　名	产　地	简　　介
花色类	虎斑青田	山口一带	俗名老虎花，有黑、棕、红棕色的虎皮状斑纹，石质稍粗
	武池花	下堡	深红色或棕红色的底，上有白花点或云水纹，质细脆
	金星青田	山口一带	石中闪烁金星者。金星系属黄铁矿细粒或晶体
	柏子白花	老鼠坪	白色石料上有黑色斑纹、斑点，石质细软不透
	煨冰纹		浅色石料煨烫后投入有色冷水中，致使爆裂，或渗入油质火煨，形成如瓷器开片之纹
	紫线纹	岭头	土黄色石料上有紫色线纹，质地粗实，少细纱

附三　青田石的化学成分表

序号	产　地	分析年份	成分及含量(%)							
			SiO_2	Al_2O_3	Fe_2O_3	MgO	CaO	Na_2O	K_2O	TiO_2
1	青田石	1928	62.57	32.02		0.46	1.30	1.32		
2	山口白石	1930	64.30	28.94	0.68		0.33			0.45
3	白垟黑石	1930	57.10	23.60	14.21			0.14	0.22	0.51
4	季山冻石	1930	58.37	31.47	0.64		0.26	1.20	2.40	
5	季石紫岩	1930	65.70	28.82	0.63					
6	山口旦洪	1985	74.09	20.89	0.33		0.20	0.06	0.04	0.30
7	山口白垟	1985	62.61	29.78	0.19		0.17	0.15	0.06	0.25
8	山口封门	1985	57.83	32.47	0.01	0.20	0.16	0.56	1.35	0.14

附四　青田石各主要矿点的规模、储量等情况

矿点	离城方位及距离(公里)	矿体(米)			储量(万吨)		备注
		长	宽	深	C2级	15%A12℃<18%	
山40	东南15				580	460	已开发
双垟	西南50		200	150	1382	1080	少量开发
北山	西南40		200	50	500	300	已开发
下堡	西北30		20	50	120	20	少量开发
塘古	东南25		50	50	20	15	少量开发

附五　青田山叶蜡石矿历年雕刻石产量统计表

年　份	年产量(吨)	年　份	年产量(吨)
1957	620	1972	614
1958	400	1973	492
1959	869	1974	302
1960	923	1975	223
1961	1033	1976	63
1962	581	1977	122
1963	770	1978	272
1964	888	1979	476
1965	1168	1980	361
1966	1123	1981	298
1967	800	1982	271
1968	544	1983	369
1969	367	1984	314
1970	572	1985	219
1971	692	1986	212

附六　青田雕刻技术人员职称

(排名按姓氏拼音顺序排列)

职　称	姓　名	职　称	姓　名
中国工艺美术大师	林如奎	高级工艺美术师	裘良军
中国工艺美术大师	倪东方	高级工艺美术师	吴春芳
中国工艺美术大师	张爱廷	高级工艺美术师	吴子辉
浙江省工艺美术大师	林福照	高级工艺美术师	项灵均
高级工艺美术师	陈长青	高级工艺美术师	徐永丽
高级工艺美术师	陈建毅	高级工艺美术师	叶光健
高级工艺美术师	陈经平	高级工艺美术师	叶建民
高级工艺美术师	陈文华	高级工艺美术师	叶品然
高级工艺美术师	陈小南	高级工艺美术师	叶品勇
高级工艺美术师	黄银松	高级工艺美术师	张爱光
高级工艺美术师	杜丽华	高级工艺美术师	周金甫
高级工艺美术师	傅献君	高级工艺美术师	朱焕光
高级工艺美术师	李大白	工艺美术师	白晓茂
高级工艺美术师	林爱平	工艺美术师	陈国平
高级工艺美术师	林佰耀	工艺美术师	陈建波
高级工艺美术师	林佰正	工艺美术师	陈建忠
高级工艺美术师	林观博	工艺美术师	陈伟军
高级工艺美术师	林汉立	工艺美术师	杜立华
高级工艺美术师	林克勤	工艺美术师	杜小亮
高级工艺美术师	林青民	工艺美术师	黄宗八
高级工艺美术师	林胜勤	工艺美术师	季祖荣
高级工艺美术师	刘银华	工艺美术师	蒋焕南
高级工艺美术师	马　兵	工艺美术师	蒋丽平

续表

职　称	姓　名
工艺美术师	雷顺凯
工艺美术师	李　德
工艺美术师	林何超
工艺美术师	林建茂
工艺美术师	林骏平
工艺美术师	林政光
工艺美术师	刘洪生
工艺美术师	刘　宙
工艺美术师	彭王彬
工艺美术师	孙爱军
工艺美术师	孙勇平
工艺美术师	王爱军
工艺美术师	吴松林
工艺美术师	夏江志
工艺美术师	项官云
工艺美术师	徐柳然
工艺美术师	徐贤杰
工艺美术师	徐叶光
工艺美术师	徐叶红
工艺美术师	徐裕琛
工艺美术师	徐岳军
工艺美术师	徐志敏
工艺美术师	徐志然

职　称	姓　名
工艺美术师	叶高君
工艺美术师	叶永军
工艺美术师	叶志伟
工艺美术师	占现成
工艺美术师	张多毅
工艺美术师	张海华
工艺美术师	张苏彬
工艺美术师	周新民
工艺美术师	朱　虎
工艺美术师	朱松光
工艺美术师	朱苏庄
工艺美术师	朱岳年
工艺美术师	卓乃枢
助理工艺美术师	陈爱平
助理工艺美术师	陈灵彬
助理工艺美术师	陈树琴
助理工艺美术师	戴春平
助理工艺美术师	杜守茂
助理工艺美术师	杜仙珠
助理工艺美术师	林建波
助理工艺美术师	林群广
助理工艺美术师	林小伟
助理工艺美术师	林岳强

续表

职　称	姓　名
助理工艺美术师	留孟青
助理工艺美术师	潘正伟
助理工艺美术师	孙松标
助理工艺美术师	孙新标
助理工艺美术师	吴国荣
助理工艺美术师	吴松标
助理工艺美术师	吴松光
助理工艺美术师	吴松结
助理工艺美术师	吴松伟
助理工艺美术师	吴伟标
助理工艺美术师	吴文武
助理工艺美术师	徐柳斌
助理工艺美术师	徐木雄
助理工艺美术师	徐绍勇
助理工艺美术师	徐永伟
助理工艺美术师	徐永泽
助理工艺美术师	许启汉
助理工艺美术师	杨汉文
助理工艺美术师	杨兆应
助理工艺美术师	叶　虎
助理工艺美术师	叶建军
助理工艺美术师	叶权慰
助理工艺美术师	叶碎巧

职　称	姓　名
助理工艺美术师	叶选瑚
助理工艺美术师	叶选松
助理工艺美术师	叶永彬
助理工艺美术师	张清芳
助理工艺美术师	周蒋利
助理工艺美术师	周蒋文
助理工艺美术师	庄孝通
名艺人	杜正清
名艺人	林耀光
名艺人	王为纲
名艺人	留秀山
名艺人	叶棣荣
名艺人	张梅同
名艺人	周南康
名艺人	周悟青

主要参考书目

1、《七类修稿》郎瑛撰，明

2、《考磐余事》屠隆撰，明

3、《青田县志》青田县文管会编，浙江人民出版社，1992年4月

4、《青田石雕》夏法起编写，浙江人民出版社，1980年2月

5、《青田石雕志》，夏法起编著，香港书谱出版社，1990年8月

6、《青田石全书》，夏法起著，上海书店出版社，1997年7月

7、《青田石雕图鉴》，夏法起编著，福建美术出版社，2001年8月

8、《青田石雕艺术》，留扬帆主编，国际炎黄文化出版社，2001年8月

9、《中国印石趣赏》，高山著，上海人民美术出版社，1997年4月

10、《中国古玩辨伪》，李发贵，李勇编著，四川大学出版社，1995年11月

11、《四大名印石》，方泽编著，百花文艺出版社，2007年1月

12、《品味经典——陈振濂谈中国篆刻史》，陈振濂著，浙江古籍出版社，2007年3月

13、《印石鉴赏与收藏》，沈泓、王克平著，安徽科学技术出版社，2006年9月

14、《中国奇石美石收藏与鉴赏全书》，谢天宇主编，天津古籍出版社，2005年4月

15、《中国印·四大名石·青田石》夏法起编著，福建美术出版社，2004年

16、《古玩指南》赵汝珍编述，中国书店出版社，1993年2月

17、《二十世纪中国收藏家大全》黄胜泉主编，中国文史出版社，1998年

特别鸣谢

《青田石鉴赏与投资》一书从选题策划、编辑制作到即将付梓，期间经历了近3年的时间。在本书即将付梓之际，特向参与本书编写、制作及出版社的相关人员表示诚挚的谢意！在此也要特别感谢为本书提供图片的青田石收藏者和雕刻者，有了他们的支持才始本书显得更加完美，他们是：

徐伟军、言恭达、朝洛蒙、潘成松、徐永丽、陈伟军、李刚田、归之春、李元茂、吴承斌、黄尝铭、周金甫、叶军雄、杜小亮、夏松平、周节之、陈长青、叶建民、黄镇庄、孙勇平、张海歧、林伯正、唐存才、周悟青、留品平、林如奎、倪东方、林观博、林爱平、麻伟勇、叶品勇、张爱延、林福照、刘恒、裘良军、马冰、张爱光、郭福祥、周南康、魏建、熊伯齐、哈普多·隽明等。

声　明

本书在编写过程中参考和引用了部分专家学者的相关著作，但由于客观条件所限，未能及时与原作者取得联系，在本书即将付梓之际，特向相关作者表示最诚挚的谢意！请各位作者在见到本书后，及时与我们联系，以便我们按国家相关法律规定支付相应稿费，谢谢！作者联系邮箱：raady@tom.com。